面向肌电手势交互系统的
深度学习技术

卫文韬　著

东南大学出版社
SOUTHEAST UNIVERSITY PRESS
·南京·

内 容 提 要

作为人体最灵活的肢体,手不但可以完成各种生活技能,也可以实现自然、直观的交互。在已知手势交互技术中,基于表面肌电信号的手势交互具有高精度、可穿戴、抗遮挡、支持上肢截肢患者使用等优点,在医疗康复和人机交互领域有着不可替代的作用。在以深度学习为代表的新一代人工智能技术蓬勃发展的背景下,本书依托国家和江苏省自然科学基金项目前期与阶段性研究成果,对多种面向肌电手势交互系统的深度学习技术进行了深入研究。

图书在版编目(CIP)数据

面向肌电手势交互系统的深度学习技术/卫文韬著
. —南京:东南大学出版社,2021.11
ISBN 978-7-5641-9697-4

Ⅰ.①面… Ⅱ.①卫… Ⅲ.①人—机系统—研究
Ⅳ.①TP11

中国版本图书馆 CIP 数据核字(2021)第 199069 号

责任编辑:张 烨 责任校对:韩小亮 封面设计:顾晓阳 责任印制:周荣虎

面向肌电手势交互系统的深度学习技术

著 者	卫文韬
出版发行	东南大学出版社
社 址	南京市四牌楼 2 号 邮编:210096 电话:025-83793330
网 址	http://www.seupress.com
电子邮件	press@seupress.com
经 销	全国各地新华书店
印 刷	广东虎彩云印刷有限公司
开 本	700 mm×1000 mm 1/16
印 张	8.75
字 数	172 千字
版 次	2021 年 11 月第 1 版
印 次	2021 年 11 月第 1 次印刷
书 号	ISBN 978-7-5641-9697-4
定 价	49.00 元

(本社图书若有印装质量问题,请直接与营销部联系。电话:025-83791830)

前　言

　　手势是一种自然、直观且易于学习的人机交互手段。作为感知用户界面的一个重要组成部分，手势识别的核心问题是如何让计算机能够从输入信息中准确识别出用户的手势动作。基于表面肌电的人机界面凭借其良好的可穿戴性、对光照条件和遮挡的鲁棒性以及对细微动作较强的区分能力，成为感知用户界面领域的研究热点之一。

　　随着人们对感知用户界面的精确性要求越来越高，深度学习方法在基于表面肌电的手势识别系统中得到了广泛应用，但依然面临以下问题：首先，相关研究表明，每个手势中只有一部分前臂肌群起到主导作用，且不同手势与前臂不同肌群的肌电信号之间具有较强关联性；其次，深度学习方法在基于高密度肌电信号的手势识别中普遍具有较高的性能，而在基于稀疏多通道肌电信号的手势识别中性能依然难以令人满意；最后，来自不同被试或采集会话的肌电信号之间存在个体差异，这种个体差异会导致手势识别中的训练数据和测试数据具有不同分布，使得从当前个体学习获得的分类器模型，难以有效拓展和应用到其他个体。本书重点在深度机器学习框架下，围绕上述关键问题，对笔者的研究经历、研究成果和研究结论进行总结和归纳，主要内容如下：

　　第1章主要介绍感知用户界面（perceptual user interface，PUI）以及感知计算（perceptual computing）的概念和历史发展，以及在感知计算语境下，基于表面肌电的手势识别（下文简称为"肌电手势识别"）技术相比其他手势识别技术的特点和优缺点，由此引出笔者的主要研究问题和本书主要架构。

第 2 章描述表面肌电信号的产生机理,并对面向 MCI 系统的机器学习方法进行综述。

第 3 章基于手势动作与肌群产生的肌电信号的关联性假设,介绍一种面向肌电手势识别的多流融合深度学习方法,对前臂肌电信号生成的肌电图像进行多流表征,将得到的多个子图像分别输入多流卷积神经网络各个分支中进行建模。之后通过特征层多流融合,把多个分支学习到的深度特征融合在一起。在不同肌电数据集上的结果表明,在多流融合深度学习框架下对前臂不同肌群的肌电信号进行关联性建模,可以有效提高肌电手势识别的准确率。

第 4 章介绍了一种面向肌电手势识别的多视图深度学习方法,从稀疏多通道肌电信号中提取多个经典特征集构建为肌电信号不同视图的数据,然后通过一个深度学习框架下的视图选择过程,选取具有较优手势识别性能的视图,将其数据输入多视图卷积神经网络中进行建模。相比单视图学习,多视图学习可以充分利用原始数据多个视图下的信息,从而带来性能的提升。

第 5 章主要介绍肌电手势识别中的领域偏移问题,并介绍一种面向肌电手势识别系统的无监督领域自适应算法,以及其对笔者所提出不同深度神经网络模型在会话间或被试间手势识别测试时性能的影响。

第 6 章对本书内容进行了总结,并对未来相关研究工作进行展望。

本书得到了江苏省自然科学基金项目“面向肌电人机接口中复杂手势动作识别的多模态深度学习技术研究”(BK20200464)、国家自然科学基金资助项目“面向肌电手势识别系统的无监督多视角对抗式领域自适应学习方法研究”(62002171)等项目的资助,在此一并表示感谢。

目　录

1 绪论

1.1 新一代人机界面与手势感知技术概述

计算机是 20 世纪人类最伟大的发明之一,早期的计算机主要用于科学计算。在 20 世纪 70 年代,Rosenberg[7] 提出了"计算机的完全形态"(gestalt of the computer)概念,他认为完全形态的计算机将是一种人类观察世界的方式,而不是单纯的机器或工具。受这一概念驱动,Hartson 等研究者[8] 在 20 世纪 80 年代认为计算机的发展应注重于计算机的可用性(usability)而非其专业性(professionals),并指出当时计算机技术发展所面临的最大挑战在于如何提升计算机与用户的交流能力,而非提升其计算性能。

人与计算机之间通过各种信息进行的交流被称为人机交互。作为人机交互的实现方式,人机界面(human-computer interface,HCI)的发展大致经历了三个主要阶段。最早的人机界面需要用户通过命令行(command line)执行输入,而计算机则通过文字窗口向用户反馈执行结果,被称为文本用户界面(text-based user interface,TUI)。20 世纪 60 年代,Engelbart 发明了鼠标,并提出了最早的图形用户界面(graphic user interface,GUI) On-Line System[9],该系统首次支持全屏化、超文本化和在线化的人机交互。1973 年,施乐公司帕洛阿尔托研究中心(Xerox Palo Alto Research Center)推出了阿尔托(Alto)计算机,其操作系统引入了由窗口(windows)、图表(icons)、菜单(menus)和光标(pointers)构成的 WIMP 模式,被认为是现代图形用户界面的鼻祖。随后基于 WIMP 模式的图形用户界面主导人机界面发展多年。人类进入移动计算时代后,随着计算设备的小型化和便携化,触摸屏逐渐代替鼠标和键盘成为人机交互的主要方式,WIMP 模式的局限性也变得愈发明显。21 世纪初,Turk 和 Robertson[10] 认为 WIMP 模式已经不能适应未来计算机技术的发展,未来人机界面需要更为直观的交互方式。为此他们提出了感知用户界面(perceptual user interface,PUI)概念,其最终目标是构建以人为中心的、更加自然与和谐的人机界面。

感知用户界面需要计算机能够理解人类的沟通交流方式,这一目标的实现依赖感知计算(perceptual computing),即通过视觉、听觉、触觉等多种信息理解人类通过身体语言自然表达的信息[11]。手部作为人体中最灵活的肢体,可以通过手势动作表达丰富的含义[12]。基于手势的感知计算是实现感知用户界面的重要途径之一。

手势感知计算的核心问题是手势识别,手势识别本质上是一个模式识别问题[13],需要从输入信息中学习有效的特征,并利用提取的特征识别手势动作的标签。手势识别技术根据获取输入数据的传感器类型不同,又可以分为基于视觉的手势识别技术和基于传感器的手势识别技术[14]。

基于视觉的手势识别技术主要通过 RGB 相机[15]、深度相机[16]、双目相机[15]获取的手部 RGB 图像和深度图像作为输入,利用计算机视觉技术跟踪手部运动轨迹或识别手势动作,相关综述可以参考 Rautaray 等人[17]、Pisharady 等人[18],以及 Itkarkar 等人[19]的研究。Chen 等人[20]提出基于 HSV 模型的肤色区域检测技术,从 RGB 图像中检测手部区域,并基于图像掩膜(mask)距离进行手掌和手指分割,识别 13 种手势动作的准确率达到 96.7%。Yang 等人[21]使用 Kinect 设备获取场景深度值进行基于分层条件随机场(hierarchical conditional random field)的手势识别,识别 24 个手语动作的准确率达到 90.4%。基于视觉的手势识别技术主要缺点是较易受到光照条件、遮挡、场地条件和背景环境等因素的影响。

基于传感器的手势识别技术[14]又可分为基于非生理信号的手势识别技术和基于生理信号的手势识别技术。基于非生理信号的手势识别技术主要有基于惯性测量单元(inertial measurement unit,IMU)[22]、数据手套[23],以及 Wi-Fi[24]的手势识别技术。

惯性测量单元是测量物体三轴姿态角(或角速度)以及加速度的装置。一般来说,一个惯性测量单元包含了加速度计和陀螺仪,加速度计检测物体的加速度,而陀螺仪检测物体的角速度。手臂或手掌在三维空间中的角速度和加速度可以作为输入信号用于手势识别。Chou 等人[25]使用惯性测量单元获得的运动数据和动态时间规整算法对两种手势动作进行识别,准确率达到87.69%。基于惯性测量单元的手势识别技术主要局限性在于精度有限,且难以区分更为细微的手指动作。

数据手套一般通过在手指或手指关节处设置的弯曲度传感器(bendsensor)或 IMU 来获取手势动作信息。实用化的数据手套系统有Cyberglove①、GloveOne②、PowerClaw③ 等。基于数据手套的手势识别技术主要优点在于其手势识别精度较高。例如 Luzanin 等人[26]使用配备 5 个传感器的数据手套获取手势动作信息输入概率神经网络(probabilistic neural network,PNN)进行手势识别,在识别 12 个手势动作中的部分手势时准确率达到 99%以上。数据手套的缺点在于价格较为昂贵,此外数据手套具有较高的侵入性,会对用户手势动作的灵活性产生一定影响。

基于 Wi-Fi 的手势识别技术是近年来新兴的研究方向之一。Pu 等人[24]研发了一项名为 WiSee 技术,其基本原理是提取 Wi-Fi 信号的多普勒频移(Doppler shift)并建立其与特定手势的映射关系。WiSee 技术识别 9 种手势动作的准确率高达 94%,并且支持隔墙的手势识别。Abdelnasser 等人[27]研发了一项名为 WiGest 的手势识别技术,其主要优势在于可以使用普通家用 Wi-Fi路由器进行手势识别,实验表明 WiGest 技术在识别 7 个手势动作时的准确率可以达到 96%。基于 Wi-Fi 的手势识别技术具有设备成本低、识别精度高、无侵入性等优点,但是相关研究以室内应用场景为主,其户外应用场景下的手势

① http://www.cyberglovesystems.com
② https://www.kickstarter.com/projects/gloveone/gloveone-feel-virtual-reality
③ https://vivoxie.com/en/powerclaw/index

识别性能尚未得到深入研究。此外,基于 WiFi 的手势识别技术目前尚处于研究起步阶段,未得到大规模普及和应用。

基于生理信号的手势识别技术可以分为基于脑电的手势识别技术和基于表面肌电的手势识别技术。基于脑电的手势识别技术通过脑电信号实现了大脑对计算机的直接控制,通常也被称为基于脑电的人机界面(brain-computer interface,BCI)。Förster 等人[28]开发了一套支持在线用户自适应的脑电手势识别系统,其采用错误相关电位(error-related potential,ErrP)这一特殊的脑诱发电位进行手势识别。由于较高的侵入性、较长的训练时间以及脑电信号较低的信噪比,BCI 在人机交互和假肢控制相关领域的应用还不成熟[29]。表面肌电信号是放置于皮肤表面的电极采集到的一种生物电信号,其本质是人体肌肉收缩时电极覆盖肌肉区域内所有运动单位动作电位(motor unit action potential,MUAP)的叠加[30]。表面肌电信号可以反映人体关节的伸屈状况以及肢体的形状和位置[31],因此可以用于手势识别。Khushaba 等人[32]的研究表明,2 个通道的表面肌电信号即可以用于识别 10 个手势动作,且识别准确率达到 90%。Li 等人[33]结合 8 通道表面肌电信号与 2 个 3 轴加速度计获得的运动传感数据识别 120 个中国手语,识别准确率达到 96.5%。

1.2 基于表面肌电的人机界面(muscle-compter interface,MCI)

基于表面肌电的手势识别系统可以对人体肌肉活动中的动作信息进行解码,并将其转化为对计算机发出的指令,因此又被称为基于表面肌电的人机界面(muscle-compter interface,MCI)[34-35]。根据采集信号所使用的表面肌电电极数量和排布方式的不同,MCI 又可以分为基于稀疏多通道肌电信号(sparse multi-channel EMG,SMC-EMG)的 MCI 与基于高密度肌电信号(high-density EMG,HD-EMG)的 MCI。

稀疏多通道肌电信号由若干个稀疏放置于人体皮肤表面的电极采集。Ortiz-Catalan 等人[36]开发了用于肌电控制研究的 BioPatRec 软件,该软件配套的稀疏多通道肌电数据集包含从 17 名健康被试前臂区域采集的 8 通道表面肌电信号。由多家研究机构共同创办的非侵入式自适应假肢(Non Invasive Adaptive Prosthetics,NinaPro)研究团队①自 2012 年起构建了 7 个稀疏多通道肌电数据集[37-40],这些数据集包含从多名健康被试和截肢被试前臂区域采集的 10~16 通道表面肌电信号。

高密度肌电信号由数十甚至上百个紧密相邻电极构成的二维电极阵列采集。早期研究主要将高密度肌电信号应用于临床诊断[41]以及面向人体运动学和生物力学的肌肉力预测[42-43]。随着更轻薄和小型化的柔性肌电电极阵列被研发成功[44-45],高密度肌电信号开始被逐渐应用于面向人机交互的肌肉等张收缩识别[46]和人体动作识别[47]。Amma 等人[48]构建了 CSL-HDEMG 高密度肌电数据集,该数据集包含使用 8×24 电极阵列从 5 名健康被试身上采集的高密

①　http://ninapro.hevs.ch

度肌电信号。Geng 等人[1]构建了 CapgMyo 高密度肌电数据集,该数据集包含使用 8 片环绕前臂放置的 8×2 电极阵列从 23 名健康被试身上采集的高密度肌电信号。

自然、高精度、可穿戴和无侵入性是感知计算的重要发展方向。表 1-1 从感知计算的角度出发,将 MCI 与其他常用手势识别技术进行了对比。相比其他手势识别技术,MCI 具有以下优势:① 相比基于视觉的手势识别技术,MCI 不受光照条件和遮挡等环境因素的影响[49];② 相比其他基于传感器的手势识别技术,MCI 体积较小,可以做成类似手表或臂环的形状[34],具有良好的可穿戴性和较低的侵入性[50];③ MCI 可以通过微弱的肌肉活动来区分细微的动作[34];④ MCI 设备成本较低[51]。

表 1-1　常用手势识别技术对比

	计算机视觉设备	数据手套	IMU	Wi-Fi	MCI
手势识别精确度	高	非常高	一般	高	高
细微动作的区分能力	较强	强	弱	弱	强
受场地条件和背景环境影响	高	无	无	无	无
受光照和遮挡影响	有	无	无	无	无
侵入性	无	高	低	无	较低
可穿戴性	无	好	好	无	好
设备成本	低	高	一般	低	较低
技术是否成熟	是	是	是	否	是

基于上述优点,基于表面肌电的手势识别技术得到了广泛的研究,且相关研究成果已经在医疗康复[52-54]和人机交互[55-57]领域中得到了应用,下面我们将从这两个领域出发对本研究的意义做简要介绍。

基于脑电、肌电等生物电信号控制的主动假肢和康复机器人系统是近年来医疗康复设备领域的研究热点之一。研究者们认为相比 BCI，MCI 具有系统训练速度快、信号采集过程对人体安全无害等优点，在现有技术条件下是最具实用价值的医疗康复设备控制技术[29]。MCI 已被广泛应用于控制主动假肢[58]、脑卒中与残疾康复机器人[52]和电动轮椅[59]等医疗康复设备。如图 1-1 所示，Fajardo 等人[53]为残疾人群体研制了肌电控制的 Galileo 机械假手系统，该系统从患者前臂采集 2 通道肌电信号对假手进行控制；Leonardis 等人[54]为脑卒中患者群体设计了 BRAVO 手部外骨骼系统用于手部抓握功能的康复训练，该系统采集患者健侧的 3 通道表面肌电信号用于控制佩戴于患者患侧的手部外骨骼康复训练系统。

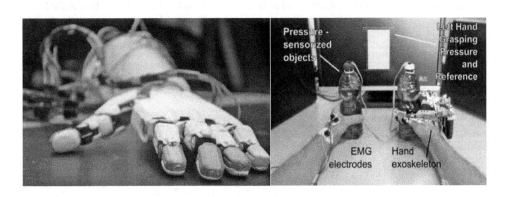

图 1-1　两款肌电信号控制的医疗康复设备

左：为残疾人设计的 Galileo 机械假手，图片源自 Fajardo 等人的论文[53]；右：用于脑卒中患者康复训练的 BRAVO 手部外骨骼系统，图片源自 Leonardis 等人的论文[54]。

基于 MCI 的人机交互技术具有可穿戴[34]、对遮挡和光照条件鲁棒[49]等优点，已经被应用于智能手机[60]、导航软件[55]、电子游戏[56]、虚拟现实[57]、机器人控制[61]以及航天器上的机械手臂遥控[62]等领域。加拿大 Thalmic Labs 公司推出了可穿戴式 Myo 肌电臂环（如图 1-2 所示），它通过 8 个环绕前臂的电极采集用户的肌电信号配合内置惯性测量单元获得的加速度和角速度信号进行手势识别，并将识别结果转化为对电脑、移动设备或遥控工具发出的指令，以取代鼠标、键盘或触控等传统人机交互方式。

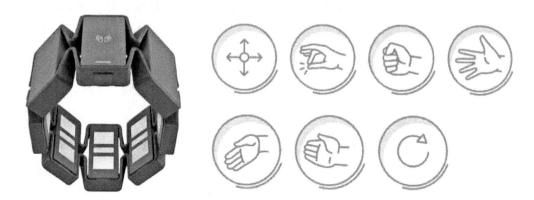

图 1 - 2　Thalmic Labs 公司推出的可穿戴式 Myo 肌电臂环和其支持的手势交互指令

图片源自 Myo 官网：https://www.myo.com/techspecs

1.3 现有 MCI 系统面临的挑战

高准确率的手势识别是手势识别技术所追求的目标之一。对基于表面肌电的手势识别技术而言,实现高准确率手势识别的主要难点在于表面肌电信号具有非静态性[63]、随机性[30],以及工频干扰、心电信号和皮肤阻抗影响导致的较高噪声[29,64]。基于传统机器学习的肌电手势识别方法通常运用信号分析技术从表面肌电信号中手工提取多种信号特征输入线性判别分析[65-66]、支持向量机[67-68]、隐马尔科夫模型[51,69]等传统分类器中进行手势识别,其选用的信号特征好坏与否会对手势识别性能造成较大的影响。相关研究往往基于不同特征的手势识别性能[37,70]优选出若干种性能较高的肌电信号特征进行手势识别。

相比传统分类器,深度学习方法可以从大量输入样本中自动学习获得具有代表性的深度特征表示[71],而不依赖手工提取的特征以及复杂烦琐的特征优选过程。鉴于深度学习的这一优点,自 2016 年起,学界开始对基于深度学习的肌电手势识别方法展开研究[5,72-74],相关研究结果表明基于深度学习的肌电手势识别方法可以获得比基于传统机器学习的肌电手势识别方法更高的手势识别性能[1]。另外,基于深度学习的肌电手势识别方法依然面临以下问题:

第一,相关研究表明,每个手势中只有一部分前臂肌群起到主导作用[2],且不同手势与前臂不同肌群的肌电信号之间具有较强关联性[3]。另外,已知基于深度学习的肌电手势识别方法大多忽视了这一点[1,72]。

第二,深度学习方法在基于高密度肌电信号的手势识别中普遍具有较高的性能[1,5],而在基于稀疏多通道肌电信号的手势识别中性能依然难以令人满意。举例来说,Atzori 等人[72]在 NinaPro DB1 和 NinaPro DB2 稀疏多通道肌电数据集上使用卷积神经网络识别 50 个手势动作的准确率分别为 66.6% 和 60.3%;Geng 等人[1]在 NinaPro DB1 稀疏多通道肌电数据集上使用卷积神经网络识别 52 个手势动作的准确率仅为 77.8%。

第三,来自不同被试或采集会话的肌电信号之间存在由电极位移或不同被试之间肌肉形状尺寸、发力大小、疲劳程度以及皮肤阻抗不同所引起的个体差异,这种个体差异往往会导致训练数据和测试数据具有不同的分布[75-76],使得从当前个体学习获得的深度神经网络模型难以有效地扩展和应用到其他个体。

1.4 本研究工作

围绕上述三个问题,本研究在深度学习框架下,对多流融合学习、多视图学习和深度领域自适应三方面技术在肌电手势识别中的应用进行了探索和尝试,主要研究内容按照三个问题提出的顺序分为3个章节进行介绍,各个章节在研究问题和研究方法两个层面的展现如图1-3所示。

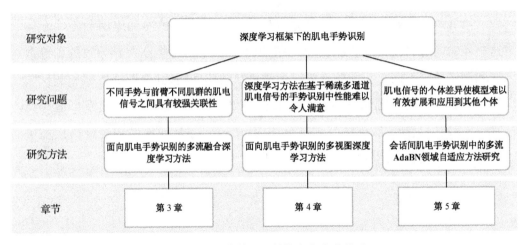

图 1-3　本书的组织结构和各章节关系

第3章研究不同手势与前臂不同肌群的肌电信号之间具有较强关联性这一问题。基于相关研究成果,我们假设对前臂不同肌群的肌电信号进行关联性建模,可以提高肌电手势识别的准确率。为此,我们提出一种面向肌电手势识别的多流融合深度学习方法,对前臂肌电信号生成的肌电图像进行多流表征,将得到的多个子图像分别输入多流卷积神经网络各个分支中进行建模。之后通过特征层多流融合,把多个分支学习到的深度特征融合在一起。

第4章研究深度学习方法在基于稀疏多通道肌电信号的手势识别中性能

难以令人满意这一问题。我们发现基于传统机器学习的肌电手势识别相关研究提出了一些经典的肌电信号特征集[37,77-78]，这些特征集在基于稀疏多通道肌电信号的手势识别中往往能够取得较好的性能。另外，按照多视图学习的定义，多视图学习可以理解为从表示数据的多个不同特征集中进行学习[79-80]。受上述研究工作的启发，我们提出一种面向肌电手势识别的多视图深度学习方法，从稀疏多通道肌电信号中提取多个经典肌电信号特征集构建为肌电信号不同视图的数据，然后通过一个深度学习框架下的视图选择过程，选取具有较优手势识别性能的视图，将优选出的视图的数据输入多视图卷积神经网络中进行建模。

第5章研究肌电信号的个体差异使模型难以有效扩展和应用到其他个体这一问题，我们将会话间或被试间手势识别时肌电信号个体差异导致的训练数据和测试数据不同分布问题视为一个领域自适应问题，其中训练数据和测试数据分别属于不同的源域和目标域。我们尝试应用多流 AdaBN 领域自适应技术[5]，通过少量标定数据进行领域自适应，使得训练好的深度神经网络模型可以有效地拓展和应用到新用户或新会话。

2 相关研究工作综述

本研究在深度学习框架下提出了面向肌电手势识别的多流融合深度学习方法和面向肌电手势识别的多视图深度学习方法,涉及基于表面肌电的手势识别、多流融合学习、多视图学习 3 个领域的知识,本章将首先简要介绍表面肌电信号的产生原理,随后对 3 个领域的研究现状和相关工作进行分析和综述。

2.1 表面肌电信号的产生机理

人体神经系统用于控制肌肉收缩过程的最小功能单位被称为运动单位（motor unit，MU），它通常由每个脊髓运动神经元、该神经元的神经纤维（轴突末梢）及其所支配的骨骼肌纤维组成。在肌肉处于放松状态时，骨骼肌细胞膜内侧钾离子浓度高于外侧，而外侧钠离子浓度高于内侧，这种离子浓度差异会导致膜内电位较低而膜外电位较高，在膜内外形成一个−80 mV 到−90 mV 之间的电位差，该电位差通常被称为静息电位（resting potential）。当肌肉处于收缩状态时，脊髓 α 运动神经元前角细胞（alpha-motor anterior horn cell）被激活，形成沿运动神经（motor nerve）方向传递的刺激，该刺激会导致运动终板（motor endplate）释放名为乙酰胆碱的神经传导物质，乙酰胆碱会改变骨骼肌细胞膜的通透性，使得膜外钠离子内流和膜内钾离子外流，引起膜内电位增加膜外电位降低，即去极化（depolarization）。当去极化达到一定程度后，离子泵机制会导致膜内钠离子外流和膜外钾离子内流，引起膜内电位降低膜外电位升高，即复极化（repolarization），并保持此过程直到膜内外电位差恢复到静息电位水平[30]。去极化和复极化的过程中产生的电位变化通常被称为动作电位（action potential，AP），而一个运动单位所支配的所有骨骼肌纤维产生的动作电位总和被称为运动单位动作电位（motor unit action potential，MUAP）。常用的 MUAP 采集和检测手段有两种[64]：第一种手段通过针电极或线电极插入肌肉采集插入式肌电信号（intra-muscular electromyography，iEMG），针电极或线电极能较好地与骨骼肌纤维接触，因此 iEMG 能够较好地代表检测区域的 MUAP，但是插入式的针电极或线电极对人体附带损伤较大，因此其应用范围基本限于临床研究方面。第二种手段通过在采集区域皮肤表面贴放电极采集表面肌电信号，表面肌电信号是电极覆盖肌肉区域范围内所有激活状态的运动单位的 MUAP 叠加[30]，相比插入式肌电信号,表面肌电信号所包含的 MUAP 叠加经过了脂肪及皮肤等组织构成的容积导体的滤波[81],同时还包括工频噪声、心电等噪声,信号信噪比较低。尽管如此,因为表面肌电信号的采集过程对人体几乎没有损伤,所以相比插入式肌电信号有着更广泛的应用范围。

2.2 面向 MCI 系统的机器学习方法

基于表面肌电的手势识别属于模式识别中的分类问题,需要通过机器学习方法训练分类器模型进行手势分类[82]。按照分类器模型的训练方法不同,既有基于表面肌电的手势识别方法又有基于传统机器学习的肌电手势识别方法和基于深度学习的肌电手势识别方法。

2.2.1 传统机器学习方法

基于传统机器学习的肌电手势识别框架如图 2-1 所示。基于传统机器学习的肌电手势识别方法通常对肌电信号进行幅值放大、滤波等预处理后,通过滑动采样窗口对原始肌电信号进行分割采样,并提取一种或多种肌电信号特征;在对提取的特征进行必要的降维处理后,将其输入通过传统机器学习方法

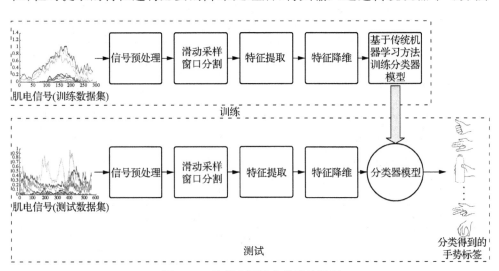

图 2-1　基于表面肌电的手势识别

训练得到的分类器模型中进行手势识别。下面,我们将分别对肌电手势识别中特征提取方法、特征降维方法和分类器模型的研究现状和相关工作进行分析和综述。

2.2.1.1 特征提取方法

肌电信号特征可以分为时域(time domain)、频域(frequency domain)与时频域(time-frequency domain)三类。时域特征主要是均值、方差、绝对均值等基于信号幅值提取的特征;频域特征主要是通过快速傅立叶变换从肌电信号中提取的频谱的各项特征;时频域特征主要指的是通过离散小波变换、离散小波包变换、连续小波变换等小波分析技术提取出的特征[83]。本书从近年来 MCI 相关工作中总结出 63 种用于肌电手势识别的信号特征,列举在表 2-1 和表 2-2 中。

表 2-1　用于肌电手势识别的信号时域特征

英文缩写	英文全称	中文全称或含义	特征类型	参考文献
ARR29	29 statistics of autoregressive residue	自回归残差 29 种统计量	时域特征	[84]
ApEn	approximate entropy	近似熵	时域特征	[70]
AAC	average amplitude change	平均幅值变换	时域特征	[85]
AFB	amplitude of the first burst	时间函数提取的第一个极值点	时域特征	[70,85]
ARC	autoregressive coefficients	自回归系数	时域特征	[85,86]
BC	box-counting dimension	计盒维数	时域特征	[70]
CC	cepstrum coefficients	倒频谱系数	时域特征	[85,87]
DASDV	difference of absolute standard deviation value	绝对标准差差分值	时域特征	[85]
DFA	detrended fluctuation analysis	去趋势波动分析	时域特征	[70,88]
HEMG	histogram of EMG	肌电信号直方图	时域特征	[89]
HFD	Higuchi's fractal dimension	Higuchi 分形维数	时域特征	[70]
IEMG	integrated EMG	信号绝对值之和	时域特征	[85,90]

续表

英文缩写	英文全称	中文全称或含义	特征类型	参考文献
KFD	Katz's fractal dimension	Katz 分形维数	时域特征	[70]
Kurt	kurtosis	峰度	时域特征	[70]
LOG	log detector	对数验波器	时域特征	[85]
MAV	mean absolute value	平均绝对值	时域特征	[85,90]
MAV1	modified mean absolute value 1	改进平均绝对值 1	时域特征	[85,90]
MAV2	modified mean absolute value 2	改进平均绝对值 2	时域特征	[85,90]
MAVS	mean absolute value slope	绝对均值斜率	时域特征	[85]
MFL	maximum fractal length	最大分形长度	时域特征	[70,88]
MHW	multiple Hamming windows	Hamming 分割窗口能量	时域特征	[70,85]
MTW	multiple trapezoidal windows	梯形分割窗口能量	时域特征	[70,85]
MYOP	myopulse percentage rate	信号超越某阈值的百分比	时域特征	[70,85]
RMS	root mean square	均方根	时域特征	[85,90]
SampEn	sample entropy	样本熵	时域特征	[70]
Skew	skewness	偏度	时域特征	[70]
SSC	slope sign change	信号斜率正负值变化次数	时域特征	[85,90,91]
SSI	simple square integral	信号能量	时域特征	[70,85]
TM	absolute temporal moment	信号阶矩绝对值	时域特征	[70,85]
VAR	variance of EMG	方差	时域特征	[85,90]
VFD	variance fractal dimension	方差分形维度	时域特征	[70]
VORDER	non-linear detector	非线性验波器	时域特征	[85]
WAMP	Willison amplitude	Willison 幅值	时域特征	[85,90]
WL	waveform length	波长	时域特征	[85,90,91]
ZC	zero crossing	过零点次数	时域特征	[85]

表 2-2　用于肌电手势识别的信号频域和时频域特征

英文缩写	英文全称	中文全称或含义	特征类型	参考文献
CEA	critical exponent analysis	临界指数分析	频域特征	[70,92]
DPR	maximum-to-minimum drop	功率密度比中	频域特征	[70,92]
FR	frequency ratio	信号高低频成分比值	频域特征	[70,85]
HOS	higher order statistics	高阶统计量	频域特征	[94]
MDF	median frequency	中值频率	频域特征	[70,85]
MNF	mean frequency	均值频率	频域特征	[85,90]
MNP	mean power	功率谱平均功率	频域特征	[85,90]
OHM	power spectrum deformation	变形频谱	频域特征	[70,93]
PKF	peak frequency	功率谱峰值功率	频域特征	[85,90]
PSDFD	power spectral density fractal dimension	功率谱密度分形维数	频域特征	[70,95]
PSR	power spectrum ratio	功率谱比值	频域特征	[85]
SMR	signal-to-motion artifact ratio	信号与运动伪影比值	频域特征	[70,93]
SNR	signal-to-noise ratio	信噪比	频域特征	[70,93]
SM	spectral moment	功率谱谱矩	频域特征	[70,85]
TTP	total power	功率谱总和	频域特征	[70,85]
VCF	variance of central frequency	中央频率方差	频域特征	[70,85]
HHT58	58 statistics of Hilbert-Huang transform (HHT)	希尔伯特-黄变换 58 种统计量	时频域特征	[84]
MNFHHT	mean frequency from all intrinsic mode functions in HHT	希尔伯特-黄变换本征模态函数的均值频率	时频域特征	[84]
MRWA	multi-resolution wavelet analysis	多分辨率小波分析	时频域特征	[96]
mDWT	marginals of discrete wavelet transform (DWT)	离散小波变换边缘	时频域特征	[97]
DWT-ENERGY	energy of DWT	离散小波变换系数能量	时频域特征	[98]

续表

英文缩写	英文全称	中文全称或含义	特征类型	参考文献
DWPT-ENERGY	energy of discrete wavelet packet transform (DWPT)	离散小波包变换系数能量	时频域特征	[98]
DWPT-Skew	skewness of DWPT	离散小波包变换系数斜度	时频域特征	[98]
DWPT-Kurt	kurtosis of DWPT	离散小波包变换系数峰度	时频域特征	[98]
DWPT-M	moments of DWPT	离散小波包变换系数的 m 阶矩	时频域特征	[98]
DWPT-MEAN	mean of DWPT	离散小波包变换系数均值	时频域特征	[98]
DWPT-SD	standard deviation of DWPT	离散小波包变换系数标准差	时频域特征	[98]
CWTC	continuous wavelet transform coefficients	连续小波变换系数	时频域特征	[99]

早期对肌电手势识别的研究往往提取单一的信号特征作为分类器的输入[69,100]。为了保证手势识别准确率,本领域的专家往往基于不同信号特征的手势识别性能,手工筛选出多种具有较高手势识别性能的特征用于手势识别,这些筛选出的信号特征也被称为"特征集"(feature set)。近年来 MCI 领域相关工作提出了多种肌电信号特征集用于手势识别,并证明了这些特征集在肌电手势识别中的有效性。例如 Atzori 等人[37]在 NinaPro 数据集 3 个子数据集上评测了多种肌电信号特征,最终 7 种特征的组合可以获得最高 75.32% 的手势识别准确率。Doswald 等人[84]在 Phinyomark 等人提出的特征集[85]基础上增加 4 种肌电特征得到一个扩展特征集,在识别 5 种手势动作时可以获得97.29% 的识别准确率。

2.2.1.2 特征降维方法

从多通道表面肌电信号中提取的信号特征往往具有较高的维度,高维度的特征空间会造成计算复杂度急剧增长并导致分类器泛化能力的降低[100],因此在将其作为输入训练分类器模型之前通常需要运用特征降维手段对其进行降维。特征降维的常用方法包括特征抽取和特征选择。

特征抽取指的是通过一定的映射或者组合,将高维特征空间映射到低维特征空间的特征降维手段。Ma 和 Luo[102] 在基于表面肌电的手势识别中使用基于主成分分析(principle component analysis,PCA)的特征抽取技术将原始特征空间维度从 48 维降为 8 维。Chu 等人[103] 提出了结合 PCA 和自组织特征映射(self-organizing feature map,SOFM)的特征抽取技术,把经过 PCA 降维的肌电信号特征空间进一步映射到一个具有较高类别可分度(class separability)的空间中。

特征选择又称为特征子集选择,主要指的是通过一定的搜索寻优方法或者特征值评分方法,选择出一些具有较强特征-类别相关性(feature-class correlation)或较少冗余信息的特征值作为特征子集以代替原始特征集,从而降低特征空间的维度。Huang 等人[104] 针对基于表面肌电的手势识别提出了一种基于蚁群优化的(ant colony optimization,ACO)特征选择方法。Doswald 等人[84] 在基于表面肌电的手势识别中应用基于相关性的特征选择算法(correlation-based feature selection,CFS)后,手势识别准确率提升了 1.93 个百分点。

2.2.1.3 分类器模型

在 MCI 领域应用较为广泛的分类器模型有线性判别分析(linear discriminant analysis,LDA)、支持向量机(support vector machine,SVM)和隐马尔科夫模型(hidden Markov model,HMM)等等。其中线性判别分析由 Fisher 提出[105],是一种以"最大化类内散度矩阵(within-class scatter matrix)和类间散度矩阵(between-class scatter matrix)的广义瑞利商(generalized Rayleigh quotient)"为优化目标的线性分类模型。在基于表面肌电的手势识别中,线性判别分析凭借其高性能和较低的计算负载[65,106]受到了研究者们的青睐。例如 Khushaba 等人[66]从表面肌电信号中提取特征输入线性判别分析识别 26 个手势动作,取得了 92.9％的识别准确率;Phinyomark 等人[85]使用线性判别分析对从表面肌电信号中提取出的 37 种特征进行全面评估,并基于手势识别准确率选取 7 种特征进行手势识别。

支持向量机的概念最早由 Vapnik[107]于 1963 年提出。原始的支持向量机主要用于解决二分类问题,它试图找到一个最优的决策超平面,可以使训练数据集中的两类数据产生最大的间距(margin)。在实际应用中,往往通过一对一(one vs one)或一对多(one vs rest)策略,使支持向量机的应用范围可以扩展到多分类领域。MCI 领域相关研究已经证明支持向量机在基于表面肌电的手势识别中拥有较好的性能。例如 Oskoei 等人[67]对支持向量机和线性判别分析在基于表面肌电信号识别 5 种上肢动作中的性能进行对比,结果表明支持向量机可以取得 95.5％的手势识别准确率,而线性判别分析取得的手势识别准确率为 94.5％。León 等人[108]对径向基(radial basis function,RBF)核支持向量机、线性判别分析和神经网络在基于表面肌电信号识别 9 种手部动作中的性能进行评估,结果表明支持向量机在使用频域特征作为输入的情况下可以取得比其他两种分类器模型更高的手势识别准确率。Shin 等人[68]对不同分类器模型在基于表面肌电信号识别 7 种手势动作中的性能进行评估,结果表明支持向量机相比其他分类器可以获得更高的识别准确率。

隐马尔科夫模型是一种概率图模型(probabilistic graphical model),也是一种动态贝叶斯网络模型[109],主要用于描述一个含有隐含未知参数的马尔科夫过程。隐马尔科夫模型的概念最早是由 Baum 与 Petrie[110]提出的。当应用于分类问题时,需要对属于不同类别的训练数据样本分别建立相应的隐马尔科夫模型,并在训练过程中对属于每个类别的训练数据样本进行最大似然估计(maximum likelihood estimation)。当要对一个测试样本进行分类时,需要将测试样本分别输入已建立好的多个隐马尔科夫模型中,计算出这些模型的似然、最大似然对应的手势类别即为分类结果。隐马尔科夫模型可以通过隐含状态间的状态转移概率(state transition probability)对时间序列进行建模。肌电信号序列是一种时间序列,因此隐马尔科夫模型在基于表面肌电的手势识别中通常具有较好的性能。Ju 等人[69]提取自回归系数特征输入隐马尔科夫模型进行肌电手势识别,取得 85% 的手势识别准确率。Zhang 等人[51]研究了基于肌电信号和加速度数据的中国手语识别,使用隐马尔科夫模型识别 72 个手语动作时获得了 96.3% 的识别准确率。

2.2.2　深度机器学习方法

基于传统机器学习的肌电手势识别方法依赖手工提取的肌电信号特征,选用的特征好坏与否往往会直接影响到最终的手势识别性能。近年来深度学习作为一种新兴机器学习技术逐渐受到 MCI 领域研究者们的关注。深度学习具有表示学习(representation learning)能力,可以从大量输入样本中自动学习出不同抽象层级的特征,从而避免了复杂烦琐的信号特征手工提取和优选过程,实现端到端(end-to-end)的肌电手势识别。

基于深度学习的肌电手势识别方法的核心思想是将基于表面肌电的手势识别问题定义为图像分类问题[82],在数据预处理和滑动窗口分割后将每个肌电信号样本[1,5,72]或信号样本中提取出的特征[73]转化为图像,输入深度神经网络模型中进行手势识别。在 MCI 领域应用较为广泛的深度神经网络模型为卷积神经网络(convolutional neural network,CNN)。卷积神经网络由 Lecun 等人提出[111-112],它通过多个卷积层(convolutional layers)从输入数据中逐层提取抽象特征,并通过卷积层之间的池化层(pooling layers)对特征进行降采样。在卷积神经网络的训练中,无论卷积层还是池化层,每一层不同位置上的卷积核与前一层的连接都共享相同的连接权重,从而大大减少训练参数的总数,并可以学习与位置无关的抽象特征表示。

基于深度学习的肌电手势识别方法又可以分为基于有监督深度学习的肌

电手势识别方法和基于半监督深度学习的肌电手势识别方法。

2.2.2.1 有监督深度学习方法

大部分面向肌电手势识别的深度学习方法属于有监督深度学习方法。图 2-2 展示了基于卷积神经网络的有监督肌电手势识别框架。该框架在数据预处理和滑动窗口分割后将每个肌电信号样本转化为肌电图像(sEMG image)。在卷积神经网络的训练中,使用所有训练样本生成的肌电图像与其对应手势标签训练卷积神经网络模型。在卷积神经网络模型的测试中,将每个测试样本转化而成的肌电图像输入训练好的卷积神经网络模型中进行手势分类。

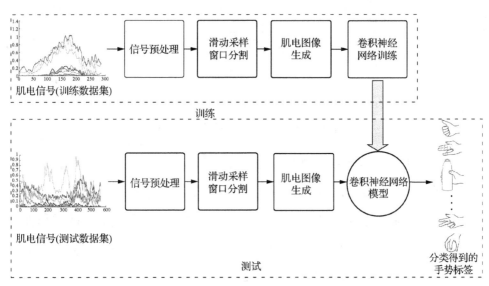

图 2-2 基于卷积神经网络的有监督肌电手势识别框架

Atzori 等人[72] 提出了一个改进自 LeNet[113] 的卷积神经网络模型 AtzoriNet 用于端到端的肌电手势识别,并在 NinaPro 稀疏多通道肌电数据集前三个子数据集上对其进行了评测,评测结果表明 AtzoriNet 的手势识别性能远低于随机森林等传统分类器模型,Atzori 等人将原因归结为数据预处理以及网络结构和超参数等尚未得到充分优化。Geng 等人[1]针对基于瞬态肌电信号（instantaneous sEMG）的手势识别提出了 GengNet 卷积神经网络模型，并应用了一种预训练策略，使得基于 GengNet 的端到端肌电手势识别性能超过了提取信号特征输入传统分类器模型进行手势识别的方法，证明了卷积神经网络在 MCI 领域的应用价值。经过简单多数投票后，GengNet 在识别 CapgMyo 和 CSL-HDEMG 两个高密度肌电信号数据集中的手势动作时分别可以取得 99.5% 和 89.3% 的准确率，在识别 NinaPro 稀疏多通道数据集第一个子数据集中的 52 个手势时可以取得 77.8% 的准确率。图 2-3 展示了 GengNet 的网络结构，它由 2 个卷积层、2 个局部连接层和 4 个全连接层构成。

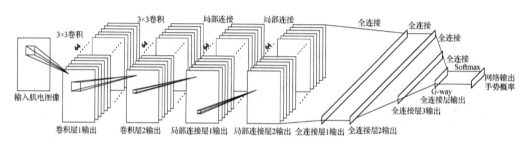

图 2-3　GengNet[1]的网络结构示意图

Zhai 等人[73]使用快速傅立叶变换（fast Fourier transform，FFT）从 200 ms 的滑动采样窗口中提取肌电信号的频谱，将提取出的频谱归一化到[0,1]区间并进行降维后输入卷积神经网络中进行手势识别。Zhai 等人提出的卷积神经网络模型（下文简称为"ZhaiNet"）在识别 NinaPro 稀疏多通道肌电数据集第二个子数据集的 50 个手势动作时取得了 78.7% 的准确率。

2.2.2.2　半监督深度学习方法

基于半监督深度学习的肌电手势识别方法主要用于解决有标签训练数据不足的问题[82]。据我们所知，目前为止只有 Du 等人[74]提出了面向肌电手势识别的半监督深度学习方法，它构建了基于表面肌电的手势识别这一主任务，以及预测连续两帧肌电信号之间的时序关系和通过数据手套数据预测三维手部姿态的统计量两个辅助任务。两个辅助任务的子网络在训练中和主任务的卷积神经网络共享前 6 层的参数,从而为主任务提供隐式的监督信息。该方法在识别 NinaPro 稀疏多通道肌电数据集第一个子数据集的 52 个手势动作时获得了 79.5% 的 200 ms 投票准确率。

2.2.3　多流融合学习

多流融合学习方法的相关研究起步于 1998 年,Potamianos[114] 在视听信息融合的语音识别(audio-visual speech recognition)中对声音和视觉两个不同模态的时间序列分别建立相应的隐马尔科夫模型,并通过广义概率下降(generalized probabilistic descent,GPD)法对每个模型进行优化。Pan 等人[115]提出了一种双流融合隐马尔科夫模型用于视听信息融合的语音识别,其对声音和视觉两个不同模态的时间序列分别建立隐马尔科夫模型,并通过一个基于最大熵原则(maximum entropy principle)和最大互信息准则(maximum mutual information criterion)优化的概率融合模型(probabilistic fusion model)对两个隐马尔科夫模型进行融合。

2.2.3.1　多流融合深度学习方法

近年来,模式识别领域的相关研究相继提出了一些多流融合深度学习方法,这些方法主要通过多个深度神经网络分支对不同传感器获取的多模态数据分别进行建模,或者对单模态数据中的空间和时序信息分别进行建模。Eitel 等人[116]针对基于 RGB-D 图像的物体检测问题提出了一种双流融合的卷积神经网络,其中一个卷积神经网络分支对物体 RGB 图像进行建模,另一个卷积神经网络分支对物体深度图像进行建模,两个分支第 7 个隐层输出的特征被拼接在一起后输入一个融合网络(fusion network)中进行多流融合。Singh 等人[117]

在细粒度(fine-grained)动作检测中通过 4 个深度神经网络分支,对整帧图像以及图像分割区域中的空间信息和时序信息分别进行建模,并通过一个融合网络对 4 个分支学习取得的特征进行多流融合,将融合后的特征输入长短期记忆(long short-term memory,LSTM)网络中进行动作检测。

2.2.3.2 多流融合方法

研究者们对多流融合的方法也进行了广泛的研究。Atrey 等人[118]对多模态学习中的多流融合方法进行了总结,将多流融合方法分为特征层融合(feature level fusion)、决策层融合(decision level fusion)和混合融合(hybrid level fusion),三者定义如下:

- 特征层融合也被称为前期融合(early fusion),它将多个分支的特征输入一个特征融合单元(feature fusion unit,FF)中进行融合,并将融合结果输入包含分类器的分析单元(analysis unit,AU)中进行分类;
- 决策层融合也被称为后期融合(late fusion),它将多个分支的特征分别输入各自的分析单元中进行分类,并对多个分支的分类结果进行融合得到最终分类结果;
- 混合融合同时包含了特征层融合和决策层融合方法,它通常对一部分分支进行特征层融合,对另一部分分支进行决策层融合,并对两部分的分类结果进行融合得到最终分类结果。

对于多流融合深度学习方法而言,特征层融合方法通常以融合网络[116-117]的形式出现。融合网络指的是一个融合操作、一个或多个全连接层、一个分类函数的神经网络,其中融合操作对应特征层融合中的特征融合单元,而分类函数则对应特征层融合中的分析单元。融合操作可以是相加(summation)、取极值(maximum)、拼接(concatenation)、外积(outer product)或卷积(convolution)操作等等[119]。

2.2.3.3　基于多流融合学习的手势识别方法

多流融合学习方法,尤其是多流融合深度学习方法,已经在基于视觉的手势识别中得到了广泛应用。例如 Zhu 等人[120]针对基于视觉的双模态手势识别问题提出了一个双流融合的深度神经网络,构建两个由三维卷积神经网络、卷积长短期记忆网络(convolutional LSTM)、空间金字塔池化(spatial pyramid pooling,SPP)层和全连接层组成的网络分支分别对 RGB 和深度两个模态的输入数据进行建模,并通过对两个分支的决策层融合得到最终手势识别结果。Nishida 和 Nakayama[121]针对基于视觉的多模态手势识别问题构建了三个长短期记忆循环神经网络(long short-term memory recurrent neural network,LSTM-RNN)分支分别对 RGB、深度、光流三个模态的时间序列进行建模,并通过一个 LSTM-RNN 融合模块对多个 LSTM-RNN 分支进行特征层多流融合。Molchanov 等人[122]针对基于视觉的手势识别问题提出了一个双流卷积神经网络以从输入中学习多分辨率的特征表示,构建两个分支对原始数据和经过2 倍降采样的数据分别进行建模,并通过对两个分支的决策层融合得到最终手势识别结果。

基于多流融合学习的肌电手势识别方法主要围绕多流隐马尔科夫模型与涉及多模态输入数据的手势识别进行研究,例如 Zhang 等人[123]提出了一种双流融合隐马尔科夫模型用于基于肌电信号和加速度数据的双模态手势识别问题,其对肌电信号和加速度数据两个不同模态的输入数据分别建立相应的隐马尔科夫模型,并通过对两个模型的决策层融合得到最终手势识别结果。

2.2.4　多模态学习方法

硬件技术的发展使得越来越多的可穿戴式手势识别设备支持多模态感知。例如 Jiang 等人[124]研制了一种用于实时手势识别的腕带,该腕带由 4 个表面肌电传感器模块和一个惯性测量单元模块构成。Goh 等人[125]研制了一种用于手势识别的臂环,该臂环使用 MyoWare 肌肉传感器采集用户表面肌电信号,使用 Arduino MPU 6050 惯性测量单元采集用户运动传感信号。基于多模态感知的肌电手势识别系统相关研究始于 2011 年,Xiong 等人[126]结合表面肌电和运动传感信号进行人机界面光标控制的手势识别,识别准确率达到 88.13%。自 2013 年起,大量结合表面肌电和运动传感信号作为输入的手势识别方法被相继提出[127-129]。

在识别复杂手势动作时,基于多模态感知的手势识别系统相比基于单模态输入信息的手势识别系统可以获得更高的识别准确率。Kyranou 等人[128]提出了面向假肢控制的手势识别系统,它以表面肌电和运动传感信号特征作为输入时识别 5 类复杂手势的准确率为 94.5%,仅以表面肌电信号特征作为输入时识别准确率为 82.8%,仅以运动传感信号特征作为输入时识别准确率为 92.8%。Krasoulis 等人[130]提取表面肌电信号的四种特征结合运动传感信号的均值作为手势识别系统输入,在 NinaPro 数据集的第七个子数据集(下文中记作 NinaPro DB7)上识别包括 23 种复杂手势在内的 40 个手势时准确率为 82.7%,而系统仅以运动传感信号均值作为输入时识别准确率为 81.7%。

已知基于多模态感知的肌电手势识别系统大多使用线性判别分析[127-128]、隐马尔科夫模型[129]等浅层机器学习方法训练手势分类器。自 2018 年起,本领域的最新研究已经开始关注面向肌电手势识别系统的多模态深度机器学习方法。Tao 等人[131]将表面肌电信号和运动传感信号输入卷积神经网络进行面向智能制造业的工人技能动作识别,识别 6 种复杂手势的准确率达到 97.6%。本书作者在近期研究中提出一种多视图深度机器学习方法[132],在 NinaPro DB2 数据集上结合表面肌电和运动传感信号识别包括 23 种复杂手势在内的 50 个手势时准确率达到 94.4%,在 NinaPro DB7 数据集上识别包括 23 种复杂手势在内的 40 个手势时准确率达到 94.5%。上述面向肌电手势识别系统的多模态深度机器学习方法突破了单模态深度机器学习方法在识别复杂手势时的性能瓶颈,但在手势多模态数据表示方法、多模态深度神经网络结构和训练方法、多模态融合方法、多模态深度特征之间关联模型的建立途径等方面的研究还有待加强。

2.2.5　多视图学习方法

多视图学习的概念最早由 Yarowsky 等人[133]提出。通常来说,多视图学习指的是对多视图数据[134]或者可以反映数据不同属性或视图的多个特征集[80]进行学习。相比单视图学习,多视图学习通过充分利用数据样本不同视图中的信息,可以获得更高的性能[135]。目前,Zhao 等人[135]、Xu 等人[136]以及 Sun[79]等人对多视图学习的研究状况进行了很好的分析和综述。

多视图学习需要遵循一致性准则(consensus principle)或互补性准则(complementary principle)[137-138],其中一致性准则指的是将不同视图对应的模型之间的一致性最大化;互补性准则指的是每个视图需要包含其他视图所没有的信息。为了保证多视图学习的成功,通常需要保证两条准则中至少有一条成立[138]。

传统的多视图学习方法大致可分为协同训练(co-training)、多核学习(multi-kernel learning)、协同正则化(co-regularization)以及边缘分布一致性(margin consistency)四类,四类方法的定义如下[134-135]:

- 协同训练由 Blum 和 Mitchell[139]提出,主要用于多视图半监督学习和多视图迁移学习,它通过单视图分类器对一个视图的部分无标签样本进行分类,并根据分类结果将最置信的样本加入另一个视图的有标签样本集,从而迭代地扩充两个视图的有标签样本集,以提升多视图学习的性能。

- 多核学习指的是使用多个核对多个视图的样本进行学习的方法,它主要通过对不同核的线性或者非线性组合来提升多视图学习性能[136],例如

Crammer 等人通过 boosting 方法构建多个核[140]，Lanckriet 等人[141]通过半定规划（semi-definite programming，SDP）从数据中学习获得核矩阵。

- 协同正则化指的是通过对目标函数增加正则项来增强不同视图之间的一致性[135]。其中正则化项又可以分为三类：第一类正则化项将多个不同视图的特征空间通过线性或非线性变换映射到一个新的特征空间中，例如典型关联分析（canonical correlation analysis，CCA）[142]方法。第二类正则化项在第一类正则化项基础上，在特征空间变换中加入了标签信息，例如判别典型关联分析（discriminative CCA）[143]、多视图判别分析（multi-view discriminative analysis）[144]和多视图 Fisher 判别分析（multi-view Fisher discriminant analysis）[145]。第三类正则化项以分类器对不同视图数据的分类结果一致性为标准，例如 Farquhar 等人将核典型关联分析（kernel CCA）与支持向量机相结合提出的 SVM-2K 方法[146]，以及 Xie 和 Sun[147]提出的多视图双支持向量机（multi-view twin SVM，MVTSVM）方法。因为协同正则化方法试图找到一个多视图共享的子空间，所以在一些文献中也被称为多视图子空间学习方法[134,136]。

- 边缘分布一致性指的是将"两个视图的边缘分布必须相等，或具有相同的后验概率"作为正则化手段的多视图分类方法，例如 Sun 等人提出的多视图最大熵判别（multi-view maximum entropy discrimination，MVMED）方法[148]。

近年来，随着深度学习技术的发展，研究者们针对各种具体问题提出了基于多视图深度学习的解决方案。例如 Andrew 等人[149]针对深度神经网络提出了深度典型关联分析（deep CCA，DCCA）。深度典型关联分析使用两个深度神经网络对两个不同视图的数据分别进行建模，并通过对两个视图隐空间的典型

关联分析使深度神经网络从两个视图中学习到的深度特征高度线性相关
(linearly correlated)。另一种常见的多视图深度学习方法为多视图深度神经
网络,它使用不同的神经网络分支对不同视图的数据分别进行建模。例如 Ge
等人[150]针对使用深度图像进行三维手部姿态估计的问题,通过把深度图像映
射到三个相互垂直的平面,将单视图学习问题拓展为包含三个视图数据输入的
多视图学习问题,并构建了包含三个分支的多流卷积神经网络将每个输入视图
的数据映射为各自的热图(heatmap),并通过对这些分支的多视图融合(multi-
view fusion)获得估测的三维手部关节位置。Su 等人[151]提出了一种多视图卷
积神经网络用于三维物体识别,构建了共享参数的多个卷积神经网络分支对三
维物体多个视图的数据分别进行建模,并通过一个视图池化(view pooling)操
作进行多视图聚合,得到最终识别结果。

多视图学习在基于肌电的临床诊断中也已经得到了成功的应用,Hazarika 和
Bhuyan[152]在基于表面肌电的肌肉疾病识别中应用了基于典型关联分析的多视
图学习方法,在使用传统分类器模型对肌萎缩侧索硬化(amyotrophic lateral
sclerosis, ALS)、肌病(myopathy) 和健康三类肌肉状况进行识别时获得了 98.8%
的准确率。

2.3 小结

本章对基于表面肌电的手势识别、多流融合学习和多视图学习三个领域相关研究工作进行了综述,对三方面研究现状的总结和未来趋势的分析如下。

肌电手势识别方法可以分为基于传统机器学习的肌电手势识别方法和基于深度学习的肌电手势识别方法。大部分肌电手势识别方法依然属于基于传统机器学习的肌电手势识别方法,它需要依赖手工提取的肌电信号特征。肌电信号特征分为时域特征[77,153]、频域特征[85,93]和时频域特征[97-98]三类。为了获得更高的手势识别性能,已知工作往往基于手势识别性能[37,70]优选出若干种肌电信号特征用于手势识别,这些特征构成了肌电手势识别中的多种经典特征集[37,70,85]。提取出的特征经过特征降维后被输入分类器模型进行手势分类,在 MCI 领域应用较广的传统分类器模型有线性判别分析[66,85]、支持向量机[68,108]和隐马尔科夫模型[51,69]等。

基于深度学习的肌电手势识别方法又可以分为基于有监督深度学习的肌电手势识别方法和基于半监督深度学习的肌电手势识别方法。基于有监督深度学习的肌电手势识别方法[1,72]在基于高密度肌电信号的手势识别中取得了较好的性能,在基于稀疏多通道肌电信号的手势识别中性能却难以令人满意。Du 等人[74]提出了基于半监督深度学习的肌电手势识别方法,该方法通过加入两个辅助任务进行共享参数的训练,来为手势识别这一主任务提供隐式的监督信息,然而该方法在稀疏多通道肌电数据集上的手势识别准确率依然没有超过 80%。既有的基于深度学习的方法主要面向端到端的肌电手势识别,通常直接以表面肌电信号作为输入,将其转化为图像后输入卷积神经网络进行手势识别。另外,Zhai 等人[73]开始尝试提取肌电信号频谱特征输入卷积神经网络中进行手势识别。我们认为,将手工提取的信号特征与深度学习方法相结合将会成为肌电手势识别方法未来的发展趋势之一。

多流融合学习方法在肌电手势识别中的相关研究较少,既有的面向肌电手势识别的多流融合方法主要通过双流隐马尔科夫模型来解决基于表面肌电信号和加速度数据双模态输入的手势识别问题[123]。另外,多流融合深度学习方法近年来已经在基于视觉的手势识别中得到广泛应用[120-122]。

此外,硬件技术的发展使得越来越多的肌电手势识别设备支持多模态感知。相关研究表明在识别复杂手势动作时,基于多模态感知的手势识别系统相比基于单模态输入信息的手势识别系统可以获得更高的识别准确率。从该领域最新发展动向可以得知,面向肌电手势识别系统的多模态深度机器学习方法已经突破了单模态深度机器学习方法在识别复杂手势动作时的性能瓶颈。

近年来,已有相关工作将多视图学习方法应用于基于表面肌电的临床诊断[154],并取得了较好的效果,这给本研究工作提供了很好的启发。

3 面向肌电手势识别的多流融合深度学习方法

相关研究表明,每个手势中只有一部分前臂肌群起主导作用[2],且不同手势与前臂不同肌群的肌电信号之间具有较强关联性[3]。基于上述研究成果,我们假设对前臂不同肌群的肌电信号进行关联性建模,可以提高肌电手势识别的准确率。为此,我们提出一种面向肌电手势识别的多流融合深度学习方法,对前臂肌电信号生成的肌电图像进行多流表征,并将得到的多个子图像分别输入多流卷积神经网络各个分支中进行建模,之后通过一个融合网络,对多流卷积神经网络的输出进行特征层融合。

3.1 概述

人体前臂有 6 个肌群控制着不同的手势动作,表 3-1 展示了前臂 6 个肌群在手势动作中起到的作用[6]。可以看出,不同分解动作往往和多个肌群具有关联性,说明手势动作通常是由前臂多个肌群共同作用下完成的。

表 3-1 前臂 6 个肌群在手势动作中起到的作用[6]

肌群名称	在手势动作中起到的作用
尺侧腕屈肌	腕部屈曲(腕屈)和腕部尺侧偏差
指屈肌	手指屈曲(指屈)
桡侧腕屈肌	腕部屈曲(腕屈)和腕部桡向偏差
桡侧腕伸肌	腕部伸展(腕伸)和腕部桡向偏差
指伸肌	手指伸展(指伸)
尺侧腕伸肌	腕部伸展(腕伸)和腕部尺侧偏差

McIntosh 等人[2]发表了不同手势中起主导作用的前臂肌群示意图,如图3-1 所示。从图中可以看出,这些手势动作通常是在前臂 6 个肌群中的 1~3 个肌群控制下完成的,证明每个手势中只有一部分前臂肌群起到主导作用。

Zhang 等人[3]从指伸肌和腕伸肌对应区域(图 3-2 中数字 1-5 区域)和指屈肌和腕屈肌对应区域(图 3-2 中字母 A-E 区域)中 8 个位置(2,3,4,5,B,C,D,E)的两两配对组合中选择了 10 对位置组合(2-3,2-4,2-5,3-4,3-5,4-5,2-B,3-C,4-D,5-E),分别测试在每对位置组合上放置 2 个电极采集双通道肌电信号识别 24 个手语动作的准确率。研究结果表明,不同位置组合采集的肌电信号对不同类型的手势具有较高区分度,举例来说,2 和 5

两个位置采集的肌电信号在识别涉及单指或多指指伸动作的手势时可获得较高准确率,3 和 C 两个位置采集的肌电信号在识别同时包含腕屈腕伸和指屈指伸动作的手势时可获得较高准确率,由此证明不同手势与前臂不同肌群的肌电信号之间具有较强关联性。

　　基于上述研究成果,我们假设对前臂不同肌群的肌电信号进行关联性建模,可以提高肌电手势识别的准确率。肌群是由一部分肌肉构成的群体,具有一定的空间分布范围。为了更好地对前臂不同肌群产生的肌电信号与手势动作之间的关联性进行建模,我们提出一种面向肌电手势识别的多流融合深度学习方法,首先对前臂肌电信号生成的肌电图像进行多流表征,并将得到的多个子图像分别输入多流卷积神经网络各个分支中进行建模。之后通过一个融合网络,对多流卷积神经网络的输出进行特征层融合。

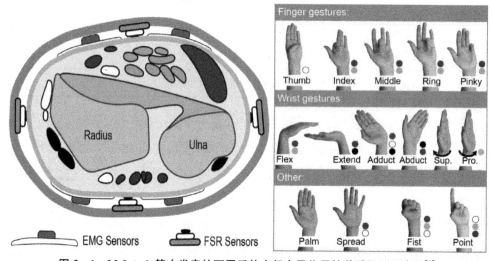

图 3 - 1 McIntosh 等人发表的不同手势中起主导作用的前臂肌群示意图[2]
左图展示了前臂肌群的分布,其中不同肌群用不同灰度的区域表示;右图展示了不同手势中起主导作用的肌群,各肌群通过左图中对应灰度的圆点表示。

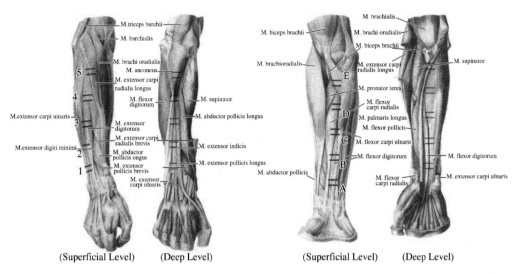

图 3 - 2　Zhang 等人的肌电信号采集位置示意图[3]

我们将 CapgMyo 高密度肌电数据集[1]DB-a 子数据集的 8 种手势处于稳定态的肌电信号转化为肌电图像绘制出来,如图 3 - 3 所示。从图中可以清楚地看到,某些手势在处于稳定态时有多个前臂局部区域产生了较强的肌电信号。

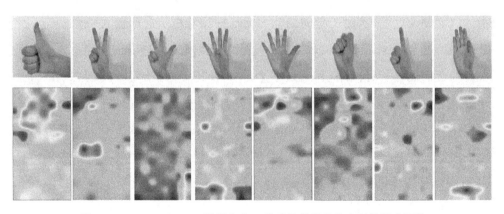

图 3 - 3　CapgMyo DB-a 数据集中 8 种手势处于稳定态时的肌电图像
第一行图像为手势动作,第二行图像为第一行每种手势动作相对应的肌电图像。

3.2　问题描述

既有的肌电手势识别方法大多忽视了手势与不同区域肌肉活动的不同关联性,而更注重对整个前臂肌电信号采集区域获得的肌电信号进行建模。例如基于传统机器学习的肌电手势识别方法通常将所有通道提取出的特征拼接成一个特征向量,然后将特征向量输入传统分类器进行手势识别[37,84],而基于深度学习的肌电手势识别方法通常将所有通道的肌电信号转化为名为肌电图像[1]的灰度图像,然后将肌电图像当作一个整体输入单流卷积神经网络[1,72]进行端到端的手势识别。

多流融合深度学习是近年来多模态学习领域应用较为广泛的深度学习方法之一,它使用不同深度神经网络分支处理不同传感器获取的多模态输入信息,并通过多流融合得到最终识别结果。例如 Eitel 等人[116]针对物体检测问题设计了一种双流融合的卷积神经网络,其中一个卷积神经网络分支以 RGB 相机获取的物体 RGB 图像为输入,另一个卷积神经网络分支以深度相机获取的物体深度图像为输入,两个分支的输出特征被拼接在一起后输入一个融合网络进行多流融合。Nishida 和 Nakayama[121]针对多模态手势识别问题提出了一种多流融合的循环神经网络,其通过多个 LSTM-RNN 分支对不同模态的时间序列分别进行建模,多个 LSTM-RNN 分支的输出通过分支顶端的一个 LSTM-RNN 融合模块进行多流融合。Zhu 等人[120]针对基于 RGB-D 双模态视频数据的手势识别问题提出了一个双流融合的深度神经网络,两个分支分别对输入的 RGB 图像和深度图像进行建模,最终对两个分支输出的分类概率通过取均值得到识别结果。

本章提出的多流融合深度学习方法主要针对端到端的肌电手势识别,其输入为肌电信号转化而来的肌电图像。对于稀疏多通道肌电信号,为了保证手势识别精度,本章使用窗口肌电信号进行手势识别,每个滑动采样窗口内的肌电信号被转化为一个肌电图像 $x \in \mathbf{R}^{L \times C}$,其中 C 为肌电信号的通道数,L 为滑动采样窗口的长度。对于高密度肌电信号,前沿工作已经证明了瞬态高密度肌电信号即包含足以解析手势的信息[1],因此本章的手势识别基于瞬态肌电信号进行,即滑动采样窗口长度 $L=1$,基于瞬态肌电信号的手势识别主要优势是可以最小化系统的观测时延(observational latency)[82],并可以通过简单多数投票(majority voting)确定不同观测时延下的手势识别准确率。设采集高密度肌电信号所用的二维肌电阵列的宽和长两个方向分别包含 W 个和 H 个电极,我们将每帧肌电信号转化为一个肌电图像 $x \in \mathbf{R}^{W \times H}$。本章使用的肌电信号幅值到图像像素值的映射方法与前沿工作[1]保持一致,即通过简单的线性变换将肌电信号幅值转换为[0,1]区间内的图像灰度值。

以基于瞬态高密度肌电信号的手势识别为例,基于本研究提出的假设,我们通过一个分解操作 $divide$ 对原始肌电图像进行多流表征,得到 M 个子图像 $\{x_i' | x_i' \in \mathbf{R}^{w_i' \times h_i'}\}_{i=1}^M$,其中 $M > 1$,w_i' 和 h_i' 分别为第 i 个子图像的宽和长。

$$\{x_i'\}_{i=1}^M = divide\{x\} \tag{3-1}$$

随后我们构建一个多流卷积神经网络,它由 M 个网络分支 $\{h_{\omega_i}\}_{i=1}^M$ 构成,其中每个网络分支分别对每个子图像 x_i' 进行建模,学习得到深度特征 H_i:

$$H_i = h_{\omega_i}(x_i'), \ i = 1, 2, \cdots, M \tag{3-2}$$

其中 $\{\omega_i\}_{i=1}^M$ 为各个子网络的参数。

在多流融合阶段,M 个分支输出的深度特征 $\{H_i\}_{i=1}^M$ 被输入一个融合网络 h_ω^{fusion} 进行特征层的多流融合,融合网络通过其顶端的 softmax 分类函数进行手势分类,输出手势识别结果 y^{out}:

$$y^{out} = h_\omega^{fusion}(H_1, H_2, \ldots, H_M) \tag{3-3}$$

其中 ω 为融合网络的参数。

3.3 面向肌电手势识别的多流融合深度学习方法框架

面向肌电手势识别的多流融合深度学习方法框架如图 3-4 所示,该框架由多流表征、多流卷积神经网络、融合网络三部分组成。多流表征将前臂肌电信号的采集区域分成多个子区域,按照每个子区域的形状和大小对采集到的原始肌电图像进行多流表征,多流表征得到的每个子图像均对应一个子区域的肌肉活动。多流表征得到的子图像被输入一个多流卷积神经网络中,多流卷积神经网络每个分支包含 2 层卷积层和 2 层全连接层,每个分支以每个子图像作为输入,以对不同子区域肌肉活动与手势的关联性分别进行学习。多流卷积神经网络的各个分支通过学习得到的深度特征被拼接后输入一个由 4 层全连接层

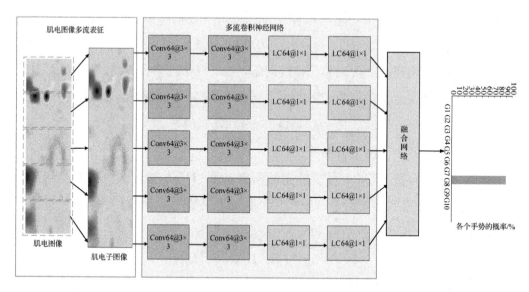

图 3-4　面向肌电手势识别的多流融合深度学习方法框架
Conv、LC 分别表示卷积层和局部连接层,其后的数字表示卷积核数量,@后的数字代表卷积核尺寸。

和一个 softmax 分类器构成的融合网络中进行特征层多流融合,并通过融合网络顶端的 softmax 分类器得到最终手势识别结果。本节将对多流表征、多流卷积神经网络、融合网络三部分分别进行介绍。

3.3.1 肌电图像多流表征

根据本章提出的假设,我们对原始肌电信号进行多流表征,使卷积神经网络能够更好地对前臂不同肌群产生的肌电信号与手势动作之间的关联性进行建模。肌电图像多流表征可以有多种方法,不同方法生成的子图像覆盖的前臂肌群不一样,其能够较好区分的手势动作也不一样。我们需要解决的一个问题是如何确定最优的肌电图像多流表征方案,使得到的子图像可以获得较高的手势识别准确率。

Zhang 等人[3]测试的 10 对位置组合中,2 和 5 两个位置之间的区域是沿着前臂肌群方向分布的,覆盖了最多的前臂伸肌区域,其产生的肌电信号在识别涉及指伸动作的手势时可以获得较高的准确率;3 和 C 两个位置之间的区域是环绕前臂分布的,并且同时覆盖了前臂伸肌和屈肌,产生的肌电信号在识别同时包含腕屈腕伸和指屈指伸动作的手势时可以获得较高的准确率。

受 Zhang 等人[3]研究方法与成果的启发,我们基于"沿着前臂"(下文中简称为"沿前臂")和"环绕前臂"(下文中简称为"绕前臂")两种子图像的分布方向,对原始肌电图像进行多流表征。其中沿前臂多流表征方法得到的每个子图像都是沿着前臂肌群方向分布的,而绕前臂多流表征方法得到的每个子图像都是环绕前臂多个肌群分布的。我们在 NinaPro DB1 稀疏多通道肌电数据集[37]、CapgMyo DB-a 高密度肌电数据集[1]和 CSL-HDEMG 高密度肌电数据集[48]上制定了多种空间多流表征方法并进行评测,以手势识别准确率为依据确定不同数据集上最优的多流表征方法。

本章在稀疏多通道肌电数据集上进行的手势识别是基于窗口肌电信号的,

因此不仅可以进行基于空间的多流表征,也可以进行基于时序的多流表征,我们在 NinaPro DB1 稀疏多通道肌电信号还测试了 2 种时序多流表征方法,作为和空间多流表征方法的对比,具体请参考第 3.3.1.2 小节。

3.3.1.1 数据集上的肌电图像空间多流表征方法

对稀疏多通道肌电信号而言,有 $x \in \mathbf{R}^{L \times C}$,其中 L 为滑动采样窗口长度(单位为帧),C 为稀疏多通道肌电信号的通道数。NinaPro DB1 稀疏多通道肌电数据集包含 10 通道的稀疏多通道肌电信号,采样频率为 100 Hz[37],以 200 ms(即 20 帧,$L=20$)的滑动采样窗口为例,每个窗口内的肌电信号生成的肌电图像为 $x \in \mathbf{R}^{20 \times 10}$。本章对 NinaPro DB1 数据集中的肌电信号生成的肌电图像测试以下两种空间多流表征方法:

- 基于单通道信号的空间多流表征方法:该方法属于一种沿前臂的多流表征方法,它将原始肌电图像 $x \in \mathbf{R}^{20 \times 10}$ 等分为 10 个肌电子图像 $\{x_i \in \mathbf{R}^{20 \times 1}\}_{i=1}^{10}$,其中每个肌电子图像 x_i 包含了每个电极获取的肌电信号,对应该电极覆盖区域下的前臂肌群产生的肌电信号。我们将每个子图像单独作为一个卷积神经网络分支的输入进行建模,多流卷积神经网络共包含 10 个分支。

- 基于电极分布的空间多流表征方法:该方法属于一种绕前臂的多流表征方法,NinaPro DB1 数据集的 10 个电极中,有 8 个电极被等距环绕放置在前臂桡肱关节(radio-humeral joint)处,其余 2 个电极分别被放置在指浅屈肌(flexor digitorum superficialis)和指长伸肌(extensor digitorum superficialis)的主要活动点(main activity spots)上[37]。根据这一电极分布特点,将原始肌电图像 $x \in \mathbf{R}^{20 \times 10}$ 根据电极分布分成三个肌电子图像 $x_1 \in \mathbf{R}^{20 \times 8}$,$x_2 \in \mathbf{R}^{20 \times 1}$ 和 $x_3 \in \mathbf{R}^{20 \times 1}$,其中 x_1 对应 8 个等距环绕前臂的电极采集的肌电图像,x_2 和 x_3 分别对应其余两个电极从对应肌群采集的肌电图像。我们将每个子图像单独作为一个卷积神经网络分支的输入进行建模，多流卷积神经网络共包含 3 个分支。

作为与上述多流表征方法的对比，本研究同时测试一个单流卷积神经网络，其使用整个 20×10 原始肌电图像作为输入。

3.3.1.2 NinaPro 数据集上的肌电图像时序多流表征方法

每次手势过程中，肌肉都要经历一个明显的收缩过程[30]，收缩过程中不同阶段的肌电信号与手势动作可能存在不同的关联性。时序多流表征方法主要通过滑动采样窗口内多个子窗口对肌电图像进行多流表征，从而使卷积神经网络可以更好地学习手势动作与前臂不同发力阶段肌电信号的关联性。具体地说，我们将稀疏多通道肌电信号生成的肌电图像 $x \in \mathbf{R}^{L \times C}$ 从时序（即图像的宽）对应的一边分为 M 个子图像 $\{x_i^l \mid x_i^l \in \mathbf{R}^{l \times C}\}_{i=1}^M$，其中 $M > 1$，l 为 L 帧滑动窗口中子窗口的长度，每个子图像均对应一段子窗口（发力阶段）内的肌电信号。

在 NinaPro 稀疏多通道肌电数据集上测试的两种时序多流表征方法描述如下：

- 基于单帧信号的时序多流表征方法：该方法使多流卷积神经网络能够对每帧肌电信号分别进行建模，从而更好地学习每帧肌电信号与手势动作的关联性。该多流表征方法将原始肌电图像 $x \in \mathbf{R}^{20 \times 10}$ 等分为 20 个肌电子图像 $\{x_i \in \mathbf{R}^{1 \times 10}\}_{i=1}^{20}$，其中每个肌电子图像 x_i 包含了单帧的 10 通道肌电信号。将每个子图像单独作为一个卷积神经网络分支的输入，多流卷积神经网络共包含 20 个分支。

- 基于相邻帧信号的时序多流表征方法：该方法使多流卷积神经网络能够对每相邻两帧的肌电信号分别进行建模，从而更好地学习每相邻两帧肌电信号与手势动作的关联性。该多流表征方法将原始肌电图像 $x \in \mathbf{R}^{20 \times 10}$ 等分为 19 个肌电子图像 $\{x_i \in \mathbf{R}^{2 \times 10}\}_{i=1}^{19}$，两两肌电图像之间有

50% 的重叠。其中每个肌电图像子图像 x_i 包含了每相邻两帧的 10 通道肌电信号。将每个子图像单独作为一个卷积神经网络分支的输入，多流卷积神经网络共包含 19 个分支。

3.3.1.3 CapgMyo DB-a 数据集上的肌电图像多流表征方法

在前面的问题描述中已经提到，本章在高密度肌电数据集上进行的手势识别是基于瞬态肌电信号的，每帧高密度肌电信号被转化为肌电图像 $x \in \mathbf{R}^{W \times H}$，其中 W 和 H 分别为二维肌电阵列的宽和长两个方向包含的电极数量，CapgMyo 高密度肌电数据集采集肌电信号用的电极阵列放置方式见图 3-5 所示，CapgMyo DB-a 高密度肌电数据集使用环绕前臂放置的 8 片 8×2 电极阵列采集的高密度肌电信号[1]（如图 3-6 所示），采集到的每帧高密度肌电信号生成的肌电图像为 $x \in \mathbf{R}^{8 \times 16}$。

对 CapgMyo DB-a 数据集中高密度肌电信号生成的肌电图像 $x \in \mathbf{R}^{8 \times 16}$，本章测试以下多流表征方法：

- 基于沿前臂 8×2 子图像的多流表征方法：该方法将原始肌电图像 $x \in \mathbf{R}^{8 \times 16}$ 按照每片电极阵列所采集的肌电图像为单位等分成 8 个 8×2 不重叠且沿前臂肌群方向分布的子图像 $\{x_i \in \mathbf{R}^{8 \times 2}\}_{i=1}^{8}$，如图 3-6 所示。

- 基于沿前臂 8×4 子图像的多流表征方法：该方法将原始肌电图像 $x \in \mathbf{R}^{8 \times 16}$ 按照每 2 片电极阵列所采集的肌电图像为单位等分为 4 个 8×4 不重叠且沿前臂肌群方向分布的子图像 $\{x_i \in \mathbf{R}^{8 \times 4}\}_{i=1}^{4}$。

- 基于沿前臂 8×8 子图像的多流表征方法：该方法将原始肌电图像 $x \in \mathbf{R}^{8 \times 16}$ 按照每 4 片电极阵列所采集的肌电图像为单位等分为 2 个 8×8 不重叠且沿前臂肌群方向分布的子图像 $\{x_i \in \mathbf{R}^{8 \times 8}\}_{i=1}^{2}$。

- 基于绕前臂 1×16 子图像的多流表征方法：该方法将原始肌电图像 $x \in \mathbf{R}^{8 \times 16}$，等分为 8 个 1×16 互不重叠且环绕前臂的子图像 $\{x_i \in \mathbf{R}^{1 \times 16}\}_{i=1}^{8}$。

- 基于绕前臂 2×16 子图像的多流表征方法：该方法将原始肌电图像 $x \in$ $\mathbf{R}^{8 \times 16}$，等分为 7 个 2×16 相互重叠且环绕前臂的子图像 $\{x_i \in \mathbf{R}^{2 \times 16}\}_{i=1}^7$，相邻子图像之间有 50% 的区域互相重叠。

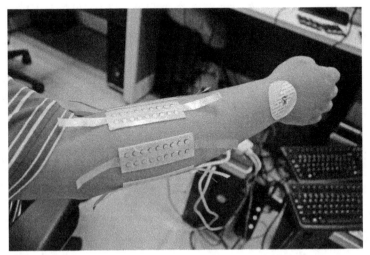

图 3-5　CapgMyo 高密度肌电数据集采集肌电信号用的电极阵列放置方式[4]

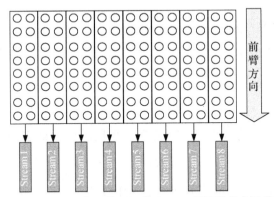

图 3-6　CapgMyo DB-a 数据集上基于沿前臂 8×2 子图像的多流表征方法示意图
每片 8×2 电极阵列所采集到的肌电图像被单独作为一个卷积神经网络分支的输入。

作为与多流融合深度学习方法的对比，本研究同时测试一个单流卷积神经网络，它使用整个 8×16 原始肌电图像作为输入。

3.3.1.4　CSL-HDEMG 数据集上的肌电图像多流表征方法

CSL-HDEMG 高密度肌电数据集使用整片环绕前臂的 8×24 电极阵列采集高密度肌电信号,且电极阵列中每 8 个电极采集的信号为无用信号,因此实际有效信号有 168 个通道[48],采集到的每帧高密度肌电信号生成的肌电图像为 $x \in \mathbf{R}^{7 \times 24}$。

对 CSL-HDEMG 数据集中高密度肌电信号生成的肌电图像 $x \in \mathbf{R}^{7 \times 24}$,本章测试以下多流表征方法:

- 基于沿前臂 7×1 子图像的多流表征方法:该方法将原始肌电图像 $x \in \mathbf{R}^{7 \times 24}$,等分为 24 个 7×1 互不重叠且沿前臂肌群方向分布的子图像 $\{x_i \in \mathbf{R}^{7 \times 1}\}_{i=1}^{24}$;

- 基于沿前臂 7×2 子图像的多流表征方法:该方法将原始肌电图像 $x \in \mathbf{R}^{7 \times 24}$,等分为 12 个 7×2 互不重叠且沿前臂肌群方向分布的子图像 $\{x_i \in \mathbf{R}^{7 \times 2}\}_{i=1}^{12}$;

- 基于沿前臂 7×4 子图像的多流表征方法:该方法将原始肌电图像 $x \in \mathbf{R}^{7 \times 24}$,等分为 6 个 7×4 互不重叠且沿前臂肌群方向分布的子图像 $\{x_i \in \mathbf{R}^{7 \times 4}\}_{i=1}^{6}$;

- 基于沿前臂 7×8 子图像的多流表征方法:该方法将原始肌电图像 $x \in \mathbf{R}^{7 \times 24}$,等分为 3 个 7×8 互不重叠且沿前臂肌群方向分布的子图像 $\{x_i \in \mathbf{R}^{7 \times 8}\}_{i=1}^{3}$,如图 3-7 所示;

- 基于绕前臂 1×24 子图像的多流表征方法:该方法将原始肌电图像 $x \in \mathbf{R}^{7 \times 24}$,等分为 7 个 1×24 互不重叠且环绕前臂的子图像 $\{x_i \in \mathbf{R}^{1 \times 24}\}_{i=1}^{7}$;

- 基于绕前臂 2×24 子图像的多流表征方法:该方法将原始肌电图像 $x \in \mathbf{R}^{7 \times 24}$,等分为 6 个 2×24 互相重叠且环绕前臂的子图像 $\{x_i \in \mathbf{R}^{2 \times 24}\}_{i=1}^{6}$,相邻子图像之间有 50% 的区域互相重叠。

作为与多流融合深度学习方法的对比,本研究同时测试一个单流卷积神经网络,并使用整个 7×24 原始肌电图像作为输入。

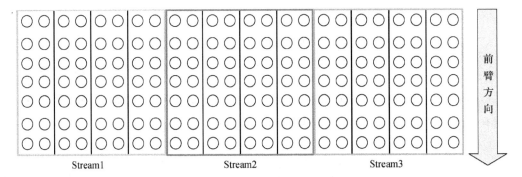

图 3-7　CSL-HDEMG 数据集上基于沿前臂 7×8 子图像的多流表征方法示意图

3.3.2　多流卷积神经网络结构

对原始肌电图像进行多流表征后,得到的每个子图像被单独输入一个卷积神经网络分支中进行建模。每一个卷积神经网络分支的前两层为每层包含 64 个 3×3 卷积核的卷积层,卷积核步长为 1。为了确保每层输出卷积特征的尺寸不变,本研究在每层的输入图像周围填充(padding)1 个值为 0 的像素。两个卷积层后面为两个局部连接层(locally-connected layers),每个局部连接层包含 64 个 1×1 的局部连接。本研究在每一层均应用了 ReLU 非线性激活函数[155]和批次归一化[156],并在最后一个局部连接层之后应用了概率为 50% 的 dropout[157]。

3.3.3　融合网络结构

本章的多流融合方法结构如图 3-8 所示,多流卷积神经网络 M 个分支学习出的深度特征被输入一个融合网络进行多流融合与手势识别。

按照 Atrey 等人[118]对多模态学习中多流融合方法的定义,我们提出的融合网络属于一种特征层融合方法,其中对多个分支输出特征的拼接操作组成了特征层融合的特征融合单元(FF),而由 4 层全连接层和一个 softmax 分类函数的网络结构构成了特征层融合的分析单元(AU)。

分析单元中前两个全连接层每层包含 512 个隐含单元,第三个全连接层包含 128 个隐含单元,最后一个全连接层包含 G 个隐含单元,G 为待分类手势数目。本研究在分析单元的前三层全连接层应用 ReLU 非线性激活函数和批次归一化,在前两层全连接层应用概率为 50% 的 dropout。

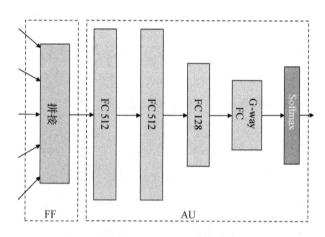

图 3-8 多流融合深度学习方法框架中的融合网络结构
其中 FF 代表特征层融合的特征融合单元,AU 代表特征层融合的分析单元,其他字母和数字代表的含义请参考图 3-4。

3.4 性能评估与实验分析

本章在 NinaPro DB1、CapgMyo DB-a、CSL-HDEMG 三个肌电数据集上对面向肌电手势识别的多流融合深度学习方法进行性能评估。性能评估以手势识别准确率为标准,手势识别准确率的具体计算公式为:

$$手势识别准确率 = \frac{正确分类的测试样本总数}{所有的测试样本总数} \times 100\% \qquad (3-4)$$

3.4.1 数据集与实验细节

NinaPro DB1 稀疏多通道肌电数据集由 Atzori 等人提出,其使用在前臂放置的 10 个电极,从 27 名被试采集 53 个手势的稀疏多通道肌电信号。每名被试将每个手势重复做 10 遍,信号采样率为 100 Hz,更多该数据集的细节请参考 Atzori 等人[37]的研究。我们对 NinaPro DB1 数据集中除休息动作以外的 52 个手势进行识别。参考在该数据集上的肌电手势识别研究[1,37],我们使用截断频率为 1 Hz 的一阶 Butterworth 滤波器对肌电信号进行低通滤波预处理。在 NinaPro DB1 数据集上的评测协议与 Atzori 等人[37,72]以及 Geng 等人[1]的研究保持一致,即对每名被试,将手势的 10 次重复中的第 1、3、4、6、7、8、9 次重复作为训练集,其余 3 次重复作为测试集,最终手势识别准确率为 27 名被试手势识别准确率的平均值。

在高密度肌电数据集上的性能评估基于瞬态(即单帧)肌电信号进行手势识别,并通过多数投票方法获得不同长度肌电信号序列的手势识别准确率。CapgMyo DB-a 高密度肌电数据集由 Geng 等人提出[1],其使用环绕前臂放置的 8 片 8×2 电极阵列从 18 名被试采集 8 个手势的高密度肌电信号,每名被试将每个动作重复做 10 遍,肌电信号的采样率为 1 000 Hz。我们对 CapgMyo

DB-a 数据集中的所有 8 个手势进行识别。在 CapgMyo DB-a 数据集上的评测协议与 Geng 等人的研究[11]保持一致，即对每名被试，使用手势 10 次重复中序号为奇数的重复作为训练集，序号为偶数的重复作为测试集，最终手势识别准确率为 18 名被试手势识别准确率的平均值。

CSL-HDEMG 高密度肌电数据集由 Amma 等人[48]提出，其使用整片 8×24 电极阵列从 5 名被试采集 27 个手指动作的高密度肌电信号。电极阵列的电极间距为 10 mm，有效通道数为 168 个。该数据集的肌电信号采集过程包含了 5 次会话（sessions），每名被试在每次会话中将每个动作重复做 10 次，肌电信号的采样率为 2 048 Hz，更多关于该数据集的细节请参考 Amma 等人的工作[48]。我们对 CSL-HDEMG 数据集的所有 27 个手势进行识别，并使用截断频率为 1 Hz 的一阶 Butterworth 滤波器对 CSL-HDEMG 数据集中的肌电信号进行低通滤波。在 CSL-HDEMG 数据集上的评测协议与 Amma 等人[48]以及 Geng 等人[1]的研究保持一致，即对每名被试每次采集会话，依次使用 10 次动作重复中的 1 次作为测试集，剩余 9 次作为训练集，最终手势识别准确率为所有被试所有会话手势识别准确率的平均值。

我们基于 MxNet 深度学习库[49]实现卷积神经网络，并使用随机梯度下降法（stochastic gradient descent，SGD）进行网络的训练，数据批尺寸（batch size）为 1 000，权重衰减（weight decay）因子为 0.000 1，学习率初始化为 0.1。对于 NinaPro DB1 和 CapgMyo DB-a 数据集上的实验，在训练过程中设置 28 次迭代，并且在第 16 次迭代和第 24 次迭代时将学习率除以 10，对于 CSL-HDEMG 数据集上的实验，在训练过程中设置 10 次迭代，并且在第 4 次迭代和第 6 次迭代时将学习率除以 10。本节应用了 GengNet[1]的预训练方法，即在每个数据集上预先使用所有可用的训练数据进行预训练，使用预训练得到的网络参数初始化每次实验的网络参数。

3.4.2 NinaPro DB1 数据集上的评测

本节首先使用 200 ms 长度的滑动采样窗口对信号进行分割采样，在

NinaPro DB1 数据集上对不同多流表征方法进行评测,实验结果如表 3-2 所示。从表中可以看出,基于单通道信号的空间多流表征方法可以获得最高的手势识别准确率,基于该多流表征方法的多流融合深度学习方法取得了 85% 的手势识别准确率,比以原始肌电图像为输入的单流卷积神经网络要高 1.7%。另一方面,基于电极分布的空间多流表征方法以及两种肌电图像时序多流表征方法所取得的准确率并不理想。

表 3-2 **NinaPro DB1 数据集上不同实验配置基于 200 ms 滑动采样窗口的手势识别准确率**

实验方法	多流表征生成的子图像数量	手势识别准确率
基于单通道信号的空间多流表征方法	**10**	**85.0%**
基于电极分布的空间多流表征方法	3	81.6%
基于单帧信号的时序多流表征方法	20	79.4%
基于相邻帧信号的时序多流表征方法	19	79.2%
单流卷积神经网络	1	83.3

注:加粗的项目为取得最高手势识别准确率的实验配置。

为了进一步在稀疏多通道肌电数据集上验证多流融合深度学习方法(下文中记作 MSFusionNet)的手势识别性能,我们分别使用 50 ms、100 ms、150 ms 和 200 ms 四种长度的滑动采样窗口对信号进行分割采样,测试基于单通道信号对原始肌电图像进行多流表征的 MSFusionNet 在不同滑动采样窗口配置下的手势识别性能,并与 NinaPro DB1 上部分已知肌电手势识别研究[1,37,72]提出的方法进行对比。不同方法取得的手势识别准确率如表 3-3 所示。从表中可以看出,本章提出的多流融合深度学习方法取得的手势识别准确率比 Geng 等人[1]提出的单流卷积神经网络 GengNet 高出 7.2%,比 Atzori 等人[37]提出的基于随机森林的方法高出 17.8%。

Geng 等人[1]对 GengNet 进行的性能评测是基于瞬态肌电信号的,而本研究在 NinaPro DB1 上进行的性能评测是基于窗口肌电信号的,相比瞬态肌电信号,窗口肌电信号包含了更多时序信息。为了保证与 GengNet 性能对比的公平性,我们使用 GengNet 的相关实现①,进一步在 NinaPro DB1 上测试了基于窗口肌电信号的手势识别,GengNet 在 200 ms 滑动采样窗口配置下的手势识别准确率为83.5%,依然低于 MSFusionNet 获得的 85% 手势识别准确率。

表 3-3　NinaPro DB1 数据集上不同方法的手势识别准确率

手势识别方法	滑动采样窗口长度/ms	手势识别准确率
随机森林	200	75.3%
GengNet[1]	200	77.8%
AtzoriNet[72]	150	66.6%
MSFusionNet	200	85.0%
MSFusionNet	150	84.4%
MSFusionNet	100	83.4%
MSFusionNet	50	81.7%

3.4.3　CapgMyo DB-a 数据集上的评测

表 3-4 展示了 CapgMyo DB-a 高密度肌电数据集上不同多流表征方法的手势识别准确率。从表中可以看出,有三种多流表征方法获得了较高的手势识别准确率。这三种方法分别是基于沿前臂 8×2 子图像、8×4 子图像和 8×8 子图像的多流表征方法。其中基于沿前臂 8×2 子图像的多流表征方法可以获得最高的手势识别准确率,其单帧识别准确率为89.5%,经过 40 ms 和 150 ms 投票后识别率分别为 99.1% 和 99.7%。该多流表征方法将每片 8×2 电极阵列采

① http://git.zju-capg.org/answeror/srep

集到的肌电信号作为多流卷积神经网络每个分支的输入,基于该多流表征方法的
MSFusionNet 取得的手势识别准确率比以原始 8×16 肌电图像为输入的单流卷
积神经网络高 0.3%,而经过 40 ms 和 150 ms 投票后,两者取得的准确率则较为
接近。

表 3-4　CapgMyo DB-a 数据集上不同实验配置获得的手势识别准确率

实验方法	多流表征生成的子图像数量	单帧识别率	多数投票识别率	
			40 ms 投票	150 ms 投票
基于沿前臂 8×2 子图像的多流表征方法	**8**	**89.5%**	**99.1%**	**99.7%**
基于沿前臂 8×4 子图像的多流表征方法	4	89.4%	**99.1%**	99.6%
基于沿前臂 8×8 子图像的多流表征方法	2	89.4%	**99.1%**	99.6%
基于绕前臂 1×16 子图像的多流表征方法	8	84.2%	98.3%	99.2%
基于绕前臂 2×16 子图像的多流表征方法	7	87.9%	98.8%	99.3%
单流卷积神经网络	1	89.2%	99.0%	99.5%

注:加粗的项目为取得最高手势识别准确率的实验配置。

我们进一步对比基于最优多流表征方法的 MSFusionNet 与单流卷积神经
网络 GengNet[1] 在 CapgMyo DB-a 高密度肌电数据集上的手势识别准确率。
图 3-9 中展示了这两种方法的识别率-投票窗口长度曲线,从图中可以看出
MSFusionNet 从 1 ms 到 300 ms 的投票准确率都比 GengNet 要高。举例来
说,MSFusionNet 可以取得 89.5% 的单帧识别准确率,经过 40 ms、150 ms 和
300 ms 多数投票后,准确率分别为 99.1%、99.7% 和 99.8%。GengNet[1] 可以

取得 89.2% 的单帧识别准确率,经过 40 ms、150 ms 和 300 ms 多数投票后,准确率分别为 99.0%、99.5% 和 99.6%。

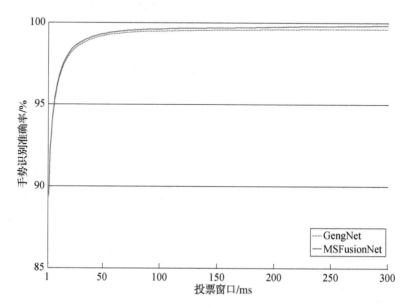

图 3-9 在 CapgMyo DB-a 高密度肌电数据集上 MSFusionNet 与 GengNet[1] 的手势识别准确率-投票窗口长度曲线

3.4.4 CSL-HDEMG 数据集上的评测

表 3-5 展示了 CSL-HDEMG 高密度肌电数据集上不同多流表征方法的手势识别准确率。从表中可以看出,有三种多流表征方法获得了较高的手势识别准确率。这三种方法分别是基于沿前臂 7×8 子图像、绕前臂 1×24 子图像和绕前臂 2×24 子图像的多流表征方法,其中基于沿前臂 7×8 子图像的多流表征方法取得的单帧准确率比其他两者略高。该多流表征方法对每个 7×8 子图像对应信号采集区域内的肌电信号分别进行建模,基于该多流表征方法的 MSFusionNet 取得的手势识别准确率比以原始 7×24 肌电图像为输入的单流卷积神经网络要高 0.8 个百分点,经过 150 ms 和 300 ms 投票后,MSFusionNet 的手势识别准确率比单流卷积神经网络分别高 0.5 个百分点和 0.3 个百分点。

表 3 - 5　CSL-HDEMG 数据集上不同实验配置获得的手势识别准确率

实验方法	多流表征生成的子图像数量	单帧识别率	多数投票识别率	
			150 ms 投票	300 ms 投票
基于沿前臂 7×1 子图像的多流表征方法	24	89.5%	92.9%	94.9%
基于沿前臂 7×2 子图像的多流表征方法	12	89.6%	93.0%	94.9%
基于沿前臂 7×4 子图像的多流表征方法	6	89.5%	93.1%	95.0%
基于沿前臂 7×8 子图像的多流表征方法	**3**	**90.3%**	**93.6%**	**95.4%**
基于绕前臂 1×24 子图像的多流表征方法	7	90.0%	93.4%	95.2%
基于绕前臂 2×24 子图像的多流表征方法	6	90.2%	**93.6%**	**94.4%**
单流卷积神经网络	1	89.5%	93.1%	95.1%

注:加粗的项目为取得识别准确率的实验配置。

Amma 等人[48]使用朴素贝叶斯(naive Bayes)分类器和从整段(entire trial)手势的肌电信号中提取的特征,获得了 90.4% 的手势识别准确率。在实际应用中,受限于 Hudgins 和 Englehart 等人[77,159]提出的肌电控制系统 300 ms 最大控制时延约束,MCI 系统很少基于整段动作的肌电信号进行手势识别。另外,基于最优多流表征方法的 MSFusionNet 经过 150 ms 投票的准确率为 93.6%,超过了 Amma 等人基于整段手势的肌电信号取得的结果。

我们进一步对比基于最优多流表征方法的 MSFusionNet 与单流卷积神经网络 GengNet[1]在 CSL-HDEMG 高密度肌电数据集上的手势识别准确率。图 3 - 10 中展示了这两种方法的识别率-投票窗口长度曲线,从图中可以看出

MSFusionNet 从 1 ms 到 300 ms 的投票准确率都比 GengNet 要高。

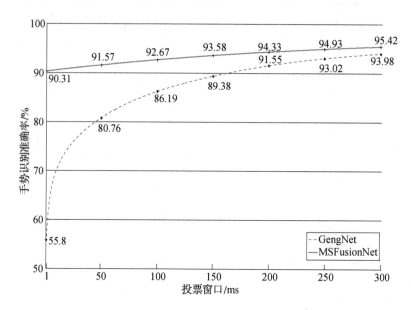

图 3-10 在 SCL-HDEMG 高密度肌电数据集上 MSFusionNet 与 GengNet[1] 的手势
识别准确率-投票窗口长度曲线

3.5   小结

本章提出一种面向肌电手势识别的多流融合深度学习方法框架,并在 NinaPro DB1 稀疏多通道肌电数据集[37]、CapgMyo DB-a 高密度肌电数据集[1] 和 CSL-HDEMG 高密度肌电数据集[48] 上对该框架中的多流表征方法进行了评测。结果表明,在不同数据集上取得最优手势识别准确率的多流表征方法大多为沿前臂的空间多流表征方法,其生成的子图像主要沿着前臂主要肌群分布,且以这些子图像为输入的多流融合卷积神经网络取得的手势识别准确率均超过了以原始肌电图像为输入的单流卷积神经网络,这验证了本章提出的假设,即在多流融合深度学习框架下对前臂不同肌群的肌电信号进行关联性建模,可以有效提高肌电手势识别的准确率。

本章进一步在相同评测协议下,在上述 3 个数据集上对比了多流融合深度学习方法与已知手势识别方法的性能。结果表明,多流融合深度学习方法在不同窗口下的手势识别准确率均超过了 3 个数据集上的已知肌电手势识别方法。其中在 NinaPro DB1 稀疏多通道数据集上使用 200 ms 滑动采样窗口分割的窗口肌电信号识别 52 个手势动作时,多流融合深度学习方法可以获得 85% 的手势识别准确率,比基于瞬态肌电信号的已知深度学习方法高出 7.2%,比基于窗口肌电信号的该深度学习方法高出 1.5%;在 CapgMyo DB-a 高密度肌电数据集上基于瞬态肌电信号识别 8 个手势动作时,多流融合深度学习方法取得的手势识别结果经 300 ms 投票后准确率为 99.8%,比已知深度学习方法高 0.2%;在 CSL-HDEMG 高密度肌电数据集上基于瞬态肌电信号识别 27 个手指动作时,本研究提出的多流融合深度学习方法取得的手势识别结果经 300 ms 投票后准确率为 95.4%,比已知深度学习方法高 0.4%。

4 面向肌电手势识别的多视图深度学习方法

深度学习方法在基于高密度肌电信号的手势识别中普遍能取得较高的手势识别性能，而在基于稀疏多通道肌电信号的手势识别中性能依然难以令人满意。针对这一问题，本章提出一种面向肌电手势识别的多视图深度学习方法，以提升基于稀疏多通道肌电信号的手势识别性能。相比单视图学习，多视图学习可以充分利用原始数据多个视图下的信息，从而带来性能的提升。

4.1 概述

　　既有基于深度学习的表面肌电手势识别方法大多以肌电信号[1,5,72]或肌电信号的频谱[73]作为输入进行手势识别。深度学习方法在基于高密度肌电信号的手势识别中普遍具有较高的性能[1,5]，而在基于稀疏多通道肌电信号的手势识别中性能依然难以令人满意。例如 Atzori 等人[72]在 NinaPro DB1 和 NinaPro DB2 稀疏多通道肌电数据集上使用卷积神经网络进行端到端的手势识别，识别 50 个手势的准确率分别为 66.6% 和 60.3%；Geng 等人[1]在 NinaPro DB1 稀疏多通道肌电数据集上使用卷积神经网络进行端到端的手势识别，识别 52 个手势的准确率为 77.8%；Du 等人[74]通过半监督学习方法来提升卷积神经网络在肌电手势识别中的性能，提出的方法在 NinaPro DB1 稀疏多通道肌电数据集上识别 52 个手势的准确率为 79.5%，Zhai 等人[73]提取肌电信号的频谱作为卷积神经网络的输入进行手势识别，在 NinaPro DB2 稀疏多通道肌电数据集上识别 50 个手势的准确率为 78.7%。另外，我们发现基于传统机器学习的肌电手势识别相关研究提出了一些经典的肌电信号特征集[37,77-78]，这些特征集在基于稀疏多通道肌电信号的手势识别中往往能够取得较好的性能。

　　多视图学习指的是对多视图数据[134]或者可以反映数据不同属性或视图的多个特征集[80]进行学习。相比单视图学习，多视图学习通过充分利用数据不同视图下的信息，可以获得更高的性能[135]。当应用于深度学习时，一个常用的多视图学习方法是构建包含多个分支的多视图深度神经网络，通过不同分支对不同视图的数据分别进行建模。例如 Ge 等人[150]针对 3 个视图下的手部姿态估计的问题，构建了包含 3 个分支的多视图卷积神经网络将每个视图的图像数据映射为各自的热图（heatmap）。Su 等人[151]提出了一种多视图卷积神经网络用于三维物体识别，其构建了共享参数的多个卷积神经网络分支对三维物体多个视图下的数据分别进行建模。

受上述研究工作的启发,我们针对基于稀疏多通道肌电信号的手势识别性能难以令人满意这一问题,提出一种面向肌电手势识别的多视图深度学习方法。该方法主要框架由多视图构建、视图选择和多视图卷积神经网络三部分构成。在多视图构建过程中,我们提取了 10 种经典肌电信号特征集构建为肌电信号 10 个不同视图的数据。为满足多视图学习的互补性准则,本章通过一个在深度学习方法框架下的视图选择过程,从 10 个视图中选择出了具有最高手势识别性能的 3 个视图,将这 3 个视图的数据输入多视图卷积神经网络。

多视图卷积神经网络由两部分构成,前半部分为多个分支构成的多流卷积神经网络,每个分支对每个输入视图的数据单独进行建模,以保障在学习过程中可以充分地利用每个视图的信息;后半部分通过一个多视图聚合网络对网络前半部分学习得到的多视图特征进行多视图聚合(multi-view aggregation)。

4.2 问题描述

我们从稀疏多通道肌电信号中提取 N 种肌电信号特征集，通过一个视图构建过程将 N 个肌电信号特征集构建为稀疏多通道肌电信号 N 个视图的数据，假设得到 N 个视图的数据分别为 $v_1, v_2, \cdots, v_N$。多视图卷积神经网络在前半部分通过 N 个卷积神经网络分支 $h_{\omega_1}, h_{\omega_2}, \cdots, h_{\omega_N}$ 对 N 个视图的数据分别进行建模，其中 $\omega_1, \omega_2, \cdots, \omega_N$ 为这 N 个卷积神经网络分支的参数：

$$\boldsymbol{H}_i = h_{\omega_i}(\boldsymbol{v}), \quad i = 1, 2, \cdots, N \tag{4-1}$$

其中，$\boldsymbol{H}_i$ 为第 i 个网络分支指定隐藏层输出的特征，可以理解为第 i 个视图的数据 v_1 经过卷积神经网络 h_{ω_i} 学习得到的特征。

多视图深度学习方法通过一个多视图聚合网络 h_{ω}^{aggre} 对多视图特征进行聚合，并获得最终的手势识别标签 y：

$$y = h_{\omega}^{aggre}(\{\boldsymbol{H}_i\}_{i=1}^{N}) \tag{4-2}$$

4.3 面向肌电手势识别的多视图深度学习方法框架

4.3.1 肌电信号的多视图构建过程

根据多视图学习的相关综述[79-80]，多视图学习可以理解为从表示数据的多个不同特征集中进行机器学习。受此启发，我们首先从稀疏多通道肌电信号中提取 10 种经典特征集，这些特征集均被已知工作证明对基于表面肌电的手势识别是有效的，它们为：

- Hudgins 特征集[77]：由 MAV，WL，SSC，ZC 等 4 种时域特征构成的经典时域特征集，该特征集在多个肌电假肢控制和手势识别相关的工作[15,37,77,161]中得到了应用。我们在提取该特征集时没有提取 ZC 特征，因为这种特征主要计算信号通过零点的次数，而根据文献[37]所述，本章评测使用的 NinaPro DB1 中的肌电信号在采集时经过了全波整流（即取信号绝对值的处理），导致信号中不存在负数信号值，因此也无法提取出 ZC 特征。

- Du 特征集[78]：由 IEMG，WL，VAR，SSC，WAMP，ZC 等 6 种时域特征构成的经典时域特征集，该特征集在多个肌电假肢控制和手势识别相关的工作[78,153,162]中得到了应用。我们在提取该特征集时同样没有提取 ZC 特征。

- 时域算子关联性（TDD_CORR）[66]：Khushaba 等人[66]提出的时域-空间算子（Temporal-Spatial Descriptors，TSD）特征的时域部分（temporal component），时域-空间算子特征在基于线性判别分析的肌电手势识别中取得了较高的识别准确率。

- Atzori 特征集[37]：由 RMS，mDWT，HEMG，MAV，WL，SSC，ZC 七种特征构成的特征集。该特征集由 Atzori 等人[37]提出，Atzori 等人的实验结果表明，这些特征在 NinaPro DB1 和 NinaPro DB2 数据集上能获得比其他特征集更高的手势识别准确率。我们在提取该特征集中除mDWT 特征以外的所有特征时均使用了 Atzori 等人[37]发表的特征提取参数，提取 mDWT 特征时由于我们使用的特征提取算法库不支持Daubechies 7 小波，故我们使用 Daubechies 1 小波作为代替。我们在提取该特征集时同样没有提取 ZC 特征。

- Phinyomark 特征集 1[85]：由 MAV，WL，WAMP，ARC，MAVS，MNF，PSR 等 7 种特征构成的特征集，这些特征由 Phinyomark 等人从37 种肌电信号特征中基于手势识别准确率优选得到，本章使用Phinyomark 等人[85]发表的特征提取参数提取该特征集。

- Phinyomark 特征集 2[70]：由 SampEn，CC，RMS，WL 等 4 种特征构成的特征集，这些特征由 Phinyomark 等人从 50 种肌电信号特征中基于手势识别准确率优选得到，本章使用 Phinyomark 等人[70]发表的特征提取参数提取该特征集。

- Doswald 特征集[84]：由 Doswald 等人在 Phinyomark 特征集 1 基础上增加 HOS，MNFHHT，HHT58，ARR29 等 4 种特征得到的 Phinyomark特征集扩展集。Doswald 等人使用这些特征输入支持向量机分类器，在识别 5 种手势动作时获得了 95.9% 的识别准确率。

- 离散小波变换系数（discrete wavelet transform coefficients，DWTC）[163]：将离散小波变换所有分解层（decomposition level）的系数提取出来作为一个时频域特征集，本章在进行离散小波变换时使用 Daubechies 1 小波，分解层数设为 $\log_2 N$，其中 N 为滑动采样窗口长度。

- 离散小波包变换系数（discrete wavelet transform packet coefficients，

DWPTC)[98]:将离散小波包变换所有分解层的系数提取出来作为一个时频域特征集,本章在进行离散小波包变换时使用 Daubechies 1 小波,分解层数设为 $\log_2 N$,其中 N 为滑动采样窗口长度。

- 连续小波变换系数(continuous wavelet transform coefficients, CWTC)[99]:将连续小波变换的系数提取出来作为一个时频域特征集,本章在进行连续小波变换时使用 Mexican hat 小波,连续小波变换尺度因子(scales)设为 8。

需要指出的是,既有工作[98,99,163]在基于离散小波变换、离散小波包变换以及连续小波变换提取时频域特征时,往往提取小波变换系数的若干统计量(比如均值、标准差等)作为特征。考虑到深度神经网络的自动特征学习能力,在本章中我们直接将小波变换和小波包变换的所有可用系数作为时频域特征集输入卷积神经网络中,让卷积神经网络从这些系数中自动学习出更抽象的特征表示,以取代诸如均值和方差等手工提取的统计特征。

在完成特征提取后,本章将这些特征集构建为稀疏多通道肌电信号不同视图的数据。为了使卷积神经网络可以更好地对肌电通道之间的关联性进行学习,我们在视图构建中使用了 Jiang 等人[164]提出的"信号图像"(signal image, SI)信号通道重排列算法。假设对于第 m 个特征集,从每个通道每个滑动采样窗口提取出的该特征集总维度为 D_m^z 维,则从 C 通道的稀疏多通道肌电信号中每个滑动采样窗口可以提取出一个 $D_m^z \times C$ 维的特征样本 $z_m \in \mathbf{R}^{D_m^z \times C}$,对 z_m 的信号通道重排列算法描述参考算法 1。

算法 1 Signal image 信号通道重排列算法[164]。

输入:从稀疏多通道肌电信号中提取的第 m 个特征集的一个特征样本 $z_m \in \mathbf{R}^{D_m^z \times C}$

输出:经过信号通道重排列的特征样本 $v_m \in \mathbf{R}^{D_m^v \times C}$

1: **If** $D_m^z \% 2 == 0$ **then**

2:　　$D_m^z = D_m^z + 1$;

3: **end If**

4：seq=[′1′]；$index=[1]$；

5：$i=1;j=i+1$；

6：**While** $i\neq j$

7：　　l="ij";r="ji";

8：　　**if** $j>D_m^x$

9：　　　　$j=1$;

10：　　**else if** $l\in seq\&\&r\in seq$ **then**

11：　　　　$seq.append(′j′)$;

12：　　　　$index.append(j)$;

13：　　　　$i=j;j=i+1$;

14：　　**else**

15：　　　　$j=j+1$;

16：　　**end If**

17：**end while**

18：$index=index[:-1]$;

19：$v_m=[]$;

20：**for** $k=1;k\leqslant length(index)$ **do**

21：　　$v_m.append(z_m[:,index[k]])$

22：**end for**

在经过算法 1 进行通道重排列后的特征样本中,原特征样本中任意两两肌电通道均有机会被排列在一起,因此有利于卷积神经网络学习两两肌电通道之间的关联性。本章将第 m 个特征集的特征样本 z_m 经过算法 1 进行通道重排列后生成的新样本 v_m 作为稀疏多通道肌电信号第 m 个视图的数据样本,完成对肌电信号多个视图的构建。

4.3.2　深度学习框架下的视图选择过程

在文献综述中我们提到了多视图学习需要遵循一致性准则或互补性准则[137-138]。本章的多视图学习遵循互补性准则,互补性准则指的是每个视图需要包含其他视图所没有的信息。另外,第 4.3.1 节用于多视图构建的 10 种肌电信号特征集包含了较多的重复特征,例如 Phinyomark 特征集 1 为 Doswald 特征集的一个子集,而 Hudgins 特征集为 Atzori 特征集的一个子集。为了保证多视图学习的互补性准则成立,需要剔除 10 个视图中的冗余视图。

Kumar 和 Minz[137] 提出了一种基于性能的视图选择(view selection)方法,基于不同视图数据的分类性能对视图进行筛选。受该方法启发,本节通过一个深度学习框架下的视图选择过程,从 10 个视图中选取拥有最优手势识别性能的视图。我们首先从 NinaPro DB1 稀疏多通道肌电数据集中提取 10 个肌电信号特征集并通过算法 1 构建 10 个视图的数据,随后使用一个单流卷积神经网络对 10 个视图数据的手势识别性能分别进行评测,其中特征提取使用的滑动采样窗口长度为 200 ms,用于评测的单流卷积网络结构如图 4-3 所示,使用的实验配置和评测协议与第 4.4 节中 NinaPro DB1 数据集上的实验保持一致。由于部分特征集维度较高,为防止计算所需内存超过系统最大内存限制,我们取消了第 4.4 节中的预训练。

使用不同视图数据进行手势识别获得的准确率如表 4-1 所示,我们选取手势识别性能最优的 3 个视图,它们分别为 View 4,View 7 和 View 8,对应的肌电信号特征集分别为 Phinyomark 特征集 1、离散小波变换系数和离散小波包变换系数。

表 4-1　使用不同视图数据进行手势识别获得的准确率

视图名称	对应特征集	手势识别准确率
View 1	Du 特征集	82.4%
View 2	时域算子关联性	81.0%
View 3	Atzori 特征集	83.7%
View 4	**Phinyomark 特征集 1**	**85.4%**
View 5	Phinyomark 特征集 2	84.3%
View 6	Doswald 特征集	85.3%

视图名称	对应特征集	手势识别准确率
View 7	**离散小波变换系数**	**85.7%**
View 8	**离散小波包变换系数**	**85.9%**
View 9	连续小波变换系数	84.4%
View 10	Hudgins 特征集	82.5%

注:加粗的项目为取得最优手势识别准确率的实验配置。

4.3.3 多视图卷积神经网络结构

图 4-1 为本章提出的多视图卷积神经网络结构示意图。它主要由两个部分组成,网络的第一部分为由 3 个分支构成的多流卷积神经网络,网络的第二部分为一个多视图聚合网络。本节将分别介绍两部分的结构和功能。

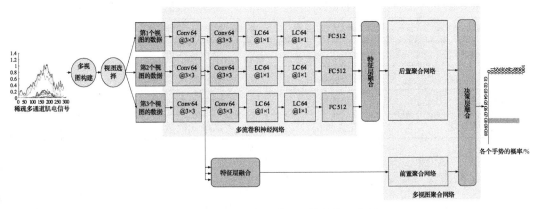

图 4-1　多视图卷积神经网络结构示意图

Conv、LC 和 FC 分别表示卷积层、局部连接层和全连接层,其后的数字表示隐含单元(hidden units)或者卷积核数量,@后的数字代表卷积核尺寸,图中第 1、2、3 个视图的数据分别对应表 4-1 中的 View 4、View 7 和 View 8 三个视图的数据。

4.3.3.1 多流卷积神经网络结构

多流卷积神经网络每个分支包含 2 个卷积层、2 个局部连接层和 1 个全连接层。每个分支单独对每个视图的数据进行建模，以在学习过程中可以充分地利用对应视图的信息。

表 4－2 展示了多流卷积神经网络的超参数设置。本研究对多流卷积神经网络每层均应用了 ReLU 非线性激活函数[155]和批次归一化[156]，并在网络的第 4 层(即第 2 个局部连接层)后应用了 dropout[157]。

表 4－2　多流卷积神经网络超参数设置

隐层名称	隐层类型	超参数名称	超参数设置
第 1 层	卷积层	卷积核尺寸	3×3
第 1 层	卷积层	卷积核数量	64
第 2 层	卷积层	卷积核尺寸	3×3
第 2 层	卷积层	卷积核数量	64
第 3 层	局部连接层	卷积核尺寸	1×1
第 3 层	局部连接层	卷积核数量	64
第 4 层	局部连接层	卷积核尺寸	1×1
第 4 层	局部连接层	卷积核数量	64
第 5 层	全连接层	隐单元数量	512

4.3.3.2 多视图聚合网络结构

多视图聚合网络由前置聚合网络和后置聚合网络 2 个子网络构成。如图 4－1 和图 4－2 所示,前置聚合网络将多流卷积神经网络 3 个分支第 1 个卷积层(即网络第 1 层)输出的多视图特征进行特征层融合后,输入由 1 个卷积层、2 个局部连接层、3 个全连接层构成和 1 个 Softmax 分类函数构成的聚合网络中进行多视图聚合。

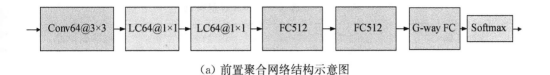

（a）前置聚合网络结构示意图

（b）后置聚合网络结构示意图

图 4‑2　构成多视图聚合网络的两个子网络示意图

后置聚合网络将多流卷积神经网络 3 个分支第 1 个全连接层（即网络第 5 层）输出的多视图特征进行特征层融合后，输入一个由 2 个全连接层和 1 个 Softmax 分类器构成的聚合网络中进行多视图聚合。

表 4‑3 和表 4‑4 分别展示了前置聚合网络和后置聚合网络的超参数设置。除了两个子网络的 G‑way 全连接层以外，本研究对两个子网络的每层均应用了 ReLU 非线性激活函数[155]和批次归一化[156]，并对前置聚合网络的第 3 层（即第 2 个局部连接层）和第 4 层（即第 1 个全连接层）后应用了 dropout[157]。

表 4‑3　前置聚合网络超参数设置

隐层名称	隐层类型	超参数名称	超参数设置
第 1 层	卷积层	卷积核尺寸	3×3
第 1 层	卷积层	卷积核数量	64
第 2 层	局部连接层	卷积核尺寸	1×1
第 2 层	局部连接层	卷积核数量	64
第 3 层	局部连接层	卷积核尺寸	1×1
第 3 层	局部连接层	卷积核数量	64
第 4 层	全连接层	隐单元数量	512
第 5 层	全连接层	隐单元数量	512
第 6 层	G‑way 全连接层	隐单元数量	待分类手势数目
第 7 层	Softmax 分类函数	—	—

表 4-4　后置聚合网络超参数设置

隐层名称	隐层类型	超参数名称	超参数设置
第 1 层	全连接层	隐单元数量	512
第 2 层	G-way 全连接层	隐单元数量	待分类手势数目
第 3 层	softmax 分类函数	—	—

假设网络第一部分第 i 个卷积神经网络 h_{ω_i} 第 j 层隐层的输出特征为 $\boldsymbol{H}_i^j$，前置聚合网络的输入 $\boldsymbol{H}_{\text{input-pre-fusion}}$ 和后置聚合网络的输入 $\boldsymbol{H}_{\text{input-post-fusion}}$ 可分别写作：

$$\boldsymbol{H}_{\text{input-pre-fusion}} = \Theta \big[fuse_F(\boldsymbol{H}_i^1, i=1,2,3) \big]$$

$$\boldsymbol{H}_{\text{input-post-fusion}} = \Theta \big[fuse_F(\boldsymbol{H}_i^5, i=1,2,3) \big] \qquad (4-3)$$

其中 $fuse_F$ 表示特征层融合操作，本研究使用拼接作为 $fuse_F$ 的形式，$fuse_F$ 也可以是逐元素相加、逐元素取极值等其他特征层融合方法。$\Theta(\cdot)$ 为 ReLU 非线性激活函数。

在整个网络结构的顶端，前置融合网络和后置融合网络各自输出的手势类别概率向量 $\boldsymbol{y}_{\text{pre-fusion}}$ 和 $\boldsymbol{y}_{\text{post-fusion}}$ 通过以逐元素相加形式的决策层融合被融合在一起，得到最终手势识别结果 $\boldsymbol{y}_{\text{final}}$：

$$\boldsymbol{y}_{\text{final}} = \boldsymbol{y}_{\text{pre-fusion}} + \boldsymbol{y}_{\text{post-fusion}} \qquad (4-4)$$

多视图聚合网络将多视图卷积神经网络的 3 个分支扩展为 6 个，并对多流卷积神经网络不同隐层输出的多视图特征进行聚合，有利于学习到更为多样化的深度特征表示。

4.4　性能评估与实验分析

本章在 NinaPro DB1、NinaPro DB2、NinaPro DB5、BioPatRec 四个稀疏多通道肌电数据集上对提出的多视图深度学习方法进行性能评估。

4.4.1　数据集与实验细节

NinaPro DB1 数据集[37]的详细描述请参考第 3.4 节，我们选取 NinaPro DB1 中除休息动作外的所有 52 个动作进行手势识别，使用的评测协议与该数据集上的已知手势识别方法[1,37,72]保持一致，即对每名被试，选取手势动作 10 次重复中的第 1、3、4、6、7、8、9 次重复作为训练集，其余 3 次重复作为测试集进行肌电手势识别，最终手势识别准确率为 27 名被试的平均手势识别准确率。

NinaPro DB2 数据集[37]包含从 40 名健康被试 50 个手势动作中采集的 12 通道肌电信号，每名被试将每个动作重复做 6 遍，肌电信号采样率为 2 000 Hz。为了降低计算复杂度并降低信号噪声干扰，我们将 NinaPro DB2 的肌电数据降采样至 100 Hz，并使用截断频率为 1 Hz 的一阶 Butterworth 滤波器对肌电信号进行低通滤波预处理。我们选取 NinaPro DB2 中所有 50 个手势动作进行识别，在 NinaPro DB2 数据集上的评测协议与该数据集上的已知手势识别方法[37,72-73]保持一致，即对每名被试，使用手势动作 6 次重复中的第 1、3、4、6 次重复作为训练集，其余 2 次重复作为测试集进行手势识别，最终手势识别准确率为 40 名被试的平均手势识别准确率。

NinaPro DB5 数据集[38]包含使用 2 个 8 通道 Myo 腕带①从 10 名健康被

---

① https://www.myo.com

试 53 个手势动作中采集的 16 通道肌电信号。其中每名被试将每个动作重复做 6 遍,肌电信号采样率为 200 Hz。Pizzolato 等人[38]在 NinaPro DB5 上提取 mDWT 特征输入支持向量机对 53 个手势动作中的 41 个手势进行识别,同时测试了三种不同的传感器配置下的基准手势识别率,这三种传感器配置包括仅使用靠近肘侧的 Myo 腕带获得的 8 通道肌电信号(在下文中记作 NinaPro DB5 - 1)、仅使用靠近腕侧的 Myo 腕带获得的 8 通道肌电信号(下文中记作 NinaPro DB5 - 2),以及使用 2 个 Myo 腕带获得的所有 16 通道肌电信号(下文中称为 NinaPro DB5)。我们也使用同样的传感器配置以及手势动作进行评测。参考 Pizzolato 等人[38]的研究,我们在 NinaPro DB5 上的实验使用长度为 200 ms 步长为 100 ms 的采样窗口对稀疏多通道肌电信号进行分割采样。在 NinaPro DB5 上的评测协议与 Pizzolato 等人[38]提出的方法保持一致,即对每名被试,选取手势动作 6 次重复中的第 1、3、4、6 次重复作为训练集,其余 2 次重复作为测试集进行手势识别,最终手势识别准确率为 10 名被试的平均手势识别准确率。

BioPatRec 数据集[36]包含从 17 名被试 26 个手势动作中采集的 8 通道肌电数据,每名被试将每个动作重复做 3 遍,肌电信号采样率为 2 000 Hz。本节选取 BioPatRec 数据集中所有 26 个手势动作进行识别,在 BioPatRec 数据集上的评测协议与 Khushaba 等人[66]提出的方法保持一致,即对每个被试,使用手势动作 3 次重复中的第 1 次重复作为训练集,剩余 2 次重复作为测试集,最终手势识别准确率为 17 名被试的平均手势识别准确率。参考 Khushaba 等人[66]在 BioPatRec 数据集上的预处理方法和信号分割策略,我们仅使用每次手势动作中间 70% 的部分进行实验,并在特征提取时分别使用长度为 150 ms 步长为 50 ms 和长度为 50 ms 步长为 50 ms 的滑动采样窗口对稀疏多通道肌电信号进行分割采样。

我们使用 MxNet 深度学习库[158]实现卷积神经网络,并使用随机梯度下降法进行网络的训练。我们应用了第 3.4 节中使用的预训练方法,即在每个数据集上使用所有可用的训练样本进行预训练,使用预训练得到的网络参数初始化每次实验的网络参数。训练过程的学习率初始化为 0.1,在 NinaPro 数据集上每次实验的训练过程包含 28 次迭代,并且在第 16 次迭代和第 24 次迭代时将学习率分别除以 10;在 BioPatRec 数据集上每次实验的训练过程包含 1 次迭代。本节使用的手势识别准确率计算方式参考第 3.4 节中的公式(3-4)。

4.4.2 多视图深度学习与单视图深度学习的性能对比

本节在 NinaPro DB1 数据集上对比以下方法:

多视图深度学习:本章提出的多视图深度学习方法。

端到端单视图深度学习:使用稀疏多通道肌电信号作为单流卷积神经网络输入,进行不依赖手工提取特征的端到端单视图深度学习。

基于多视图拼接的单视图深度学习:将 3 个视图的数据拼接在一起后作为 1 个视图,输入单流卷积神经网络进行单视图深度学习。对多视图学习而言,将多个视图数据拼接起来进行单视图学习的思路在一些文献中[134-135]被认为是一种最原始的子空间学习方法。

单视图深度学习:将第 4.3.2 节中选出的 3 个视图中每个视图的数据各自作为单流卷积神经网络输入进行单视图学习。

对比的单视图深度学习方法使用的卷积神经网络结构如图 4-3 所示,该结构和图 4-1 所示的多视图卷积神经网络每个分支是完全一样的,并且单视图深度学习方法和多视图深度学习方法的训练使用完全相同的评测协议和实验配置,以确保多视图深度学习方法和单视图深度学习方法性能对比的公平性。我们在本节实验中提取特征使用的滑动采样窗口长度为 200 ms,步长为 10 ms。

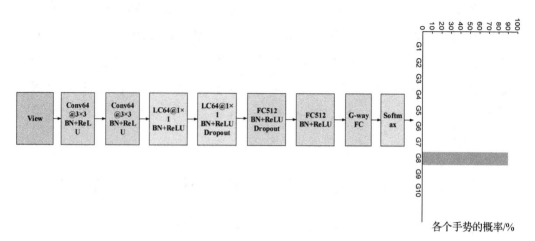

图 4-3　单视图深度学习方法使用的卷积神经网络结构示意图

多视图与单视图深度学习的性能对比参考表 4-5。从表中可以看出，多视图深度学习获得的手势识别准确率明显超越了所有单视图深度学习方法，证明多视图深度学习方法相比传统的单视图深度学习方法在肌电手势识别中具有更高的性能。

表 4-5　NinaPro DB1 上多视图深度学习与单视图深度学习的手势识别准确率对比

实验方法	使用视图	手势识别准确率
多视图深度学习	View 4，View 7，View 8	**88.2%**
基于多视图拼接的单视图深度学习	View 4，View 7，View 8	87.3%
单视图深度学习	View 4	87.1%
单视图深度学习	View 7	87.0%
单视图深度学习	View 8	87.1%
端到端单视图深度学习	稀疏多通道肌电信号	85.4%

注：加粗的项目为取得最优手势识别准确率的实验配置。

此外,将 3 个不同视图的数据拼接在一起后进行单视图深度学习(基于多视图拼接的单视图深度学习)取得的手势识别率与对每个视图数据分别进行单视图深度学习取得的手势识别率之间差异较小,证明对于肌电手势识别而言,将多个视图的数据拼接起来进行单视图学习的方法并不能取得较显著的性能提升。

4.4.3 不同多视图聚合方法的性能对比

本节首先对构成多视图聚合网络的两个子网络进行评测以证明多视图聚合网络的结构合理性,随后在 NinaPro DB1 数据集上对比多视图聚合网络与两种多视图聚合方法的手势识别准确率。我们在本节实验中提取特征使用的滑动采样窗口长度为 200 ms,步长为 10 ms。

作为对比的两种多视图聚合方法如图 4-4 所示,它们分别为图 4-4(a)(b)。

基于视图池化的多视图聚合方法[151]:该方法由 Su 等人[151]提出,其对处理不同视图数据的多个神经网络分支特定隐层的输出进行逐元素取极值操作,Su 等人认为该视图聚合策略从原理上来说接近卷积神经网络中的池化层(pooling layer),因此将其称为视图池化。本节参考 Su 等人的工作,测试在网络不同隐层进行视图池化的手势识别结果,并选择可以获得最优手势识别准确率的实验配置。

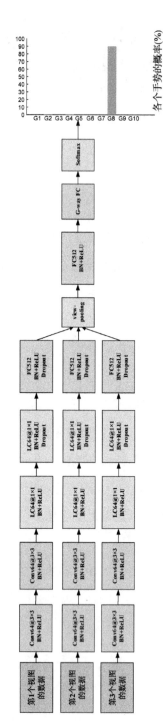

(a) 基于视图池化(view-pooling)的多视图聚合方法

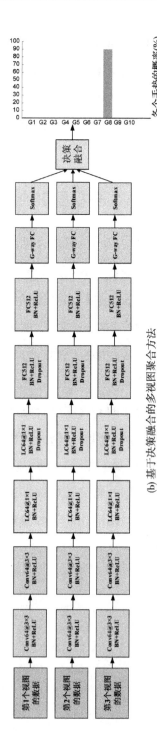

(b) 基于决策融合的多视图聚合方法

图 4-4 与多视图聚合网络进行对比手势性能对比的两种多视图聚合方法示意图

图中第1、2、3个视图的数据分别对应表4-1中的View 4、View 7和View 8三个视图的数据。

　　基于决策层融合的多视图聚合方法：基于决策层融合的多流融合方法常应用于多模态机器学习问题[118]。本节测试的多视图决策层融合主要通过对处理不同视图数据的网络分支分别构建 Softmax 分类函数，获得以手势类别概率向量为形式的分类结果，并最终对多个分支输出的手势类别概率向量进行决策层融合，得到最终手势分类结果。本研究评测了三种决策层融合方法，分别为决策相加、决策取极值以及决策 SVM 分类，假设第 i 个视图对应分支顶端 Softmax 分类函数输出的手势类别概率向量为 $\boldsymbol{y}_i$，三种决策层融合方法的公式如下：

- 决策相加：对 3 个分支输出的手势类别概率向量进行逐元素相加。

$$\boldsymbol{y}_{\text{final}} = \sum_{i=1}^{3} \boldsymbol{y}_i \qquad (4-5)$$

- 决策取极值：对 3 个分支输出的手势类别概率向量进行逐元素取极值。

$$\boldsymbol{y}_{\text{final}} = \max \boldsymbol{y}_i, i=1,2,3 \qquad (4-6)$$

- 决策 SVM 分类：Simonyan 等人[165]提出的基于支持向量机的决策层融合方法，首先将 $\boldsymbol{y}_1, \boldsymbol{y}_2, \boldsymbol{y}_3$ 进行拼接，并对拼接后的手势类别概率向量进行 $L2$ 正则化，之后将其作为特征输入一个线性支持向量机分类器中，以支持向量机的输出作为最终手势识别结果。

$$\boldsymbol{y}_{\text{final}} = \text{SVM}(|[\boldsymbol{y}_i, i=1,2,3]|) \qquad (4-7)$$

其中 $\boldsymbol{y}_{\text{final}}$ 为最终的手势识别结果；$|\cdot|$ 表示 $L2$ 正则化操作；SVM（ $\cdot$ ）表示一个线性支持向量机分类器。

　　多视图聚合网络以及构成多视图聚合网络的两个子网络的手势识别准确率如表 4-6 所示。从表中可以看出，多视图聚合网络的手势识别准确率超过了前置聚合网络和后置聚合网络，证明将两个子网络组合成多视图聚合网络可以提升各自的手势识别性能。

图 4 - 6 NinaPro DB1 上多视图聚合网络与两个子网络的手势识别准确率对比

方法	手势识别准确率
多视图聚合网络	**88.2%**
前置聚合网络	87.5%
后置聚合网络	87.9%

注:加粗的项目为取得最优手势识别准确率的实验配置。

不同多视图聚合方法的手势识别准确率如表 4 - 7 所示。从表中可以看出,本章提出的多视图聚合网络相比基于视图池化[151]的多视图聚合方法和基于决策层融合[118]的多视图聚合方法可以获得更高的手势识别准确率。另外,在第 2 个全连接层后进行视图池化的多视图聚合方法取得的手势识别准确率非常接近我们提出的多视图聚合网络,两者之间的手势识别准确率差别只有0.2%。

表 4 - 7 NinaPro DB1 上不同多视图聚合方法的手势识别准确率对比

多视图聚合方法	多视图聚合类型	手势识别准确率
多视图聚合网络	**混合多视图聚合**	**88.2%**
第 1 个卷积层后进行视图池化	视图池化[151]	87.2%
第 2 个卷积层后进行视图池化	视图池化[151]	87.4%
第 1 个局部连接层后进行视图池化	视图池化[151]	87.4%
第 2 个局部连接层后进行视图池化	视图池化[151]	87.6%
第 1 个全连接层后进行视图池化	视图池化[151]	87.5%
第 2 个全连接层后进行视图池化	视图池化[151]	88.0%
决策相加	决策层融合	87.8%
决策取极值	决策层融合	87.7%
决策 SVM 分类	决策层融合	83.7%

注:加粗的项目为取得最优手势识别准确率的实验配置。

4.4.4　4个稀疏多通道数据集上与已知方法的性能对比

本节在 NinaPro DB1，NinaPro DB2，NinaPro DB5 和 BioPatRec 4 个稀疏多通道肌电数据集上，将我们提出的多视图深度学习方法（记作 MultiViewNet）取得的手势识别准确率与 4 个稀疏多通道肌电数据集上已知手势识别研究公布的基准结果进行对比（表 4-8）。

表 4-8　在 4 个稀疏多通道肌电数据集上不同方法的手势识别准确率

方法	肌电数据集	识别的手势数量	手势识别准确率			
			50 ms 滑窗	100 ms 滑窗	150 ms 滑窗	200 ms 滑窗
随机森林[37]	NinaPro DB1	50	—	—	—	75.3%
GengNet[11]	NinaPro DB1	52	—	—	—	77.8%
AtzoriNet[72]	NinaPro DB1	50	—	—	66.6%	—
MultiViewNet	NinaPro DB1	52	**85.8%**	**86.8%**	**87.4%**	**88.2%**
随机森林[37]	NinaPro DB2	50	—	—	—	75.3%
AtzoriNet[72]	NinaPro DB2	50	—	—	60.3%	—
ZhaiNet[73]	NinaPro DB2	50	—	—	—	78.7%
MultiViewNet	NinaPro DB2	50	**80.6%**	**81.1**	**82.7%**	**83.7%**
支持向量机[38]	NinaPro DB5（两个 Myo 腕带）	41	—	—	—	69.0%
MultiViewNet	NinaPro DB5（两个 Myo 腕带）	41	—	—	—	**75.8%**
支持向量机[38]	NinaPro DB5 - 1（靠肘侧 Myo 腕带）	41	—	—	—	**55.3%**
MultiViewNet	NinaPro DB5 - 1（靠肘侧 Myo 腕带）	41	—	—	—	**67.0%**

方法	肌电数据集	识别的手势数量	手势识别准确率			
			50 ms 滑窗	100 ms 滑窗	150 ms 滑窗	200 ms 滑窗
支持向量机[38]	NinaPro DB5 - 2（靠腕侧 Myo 腕带）	41	—	—	—	54.8%
MultiViewNet	NinaPro DB5 - 2（靠腕侧 Myo 腕带）	41	—	—	—	**68.8%**
线性判别分析[66]	BioPatRec DB	26	86.3%	—	92.9%	—
MultiViewNet	BioPatRec DB	26	**90.9%**	—	**94.0%**	—

注:加粗的项目为取得最优手势识别准确率的方法。

我们根据 Hudgins 等人[77] 提出的肌电控制系统 300 ms 最大控制时延约束,在 NinaPro DB1 和 NinaPro DB2 上的实验使用 50 ms、100 ms、150 ms 和 200 ms 滑动采样窗口进行分割采样,滑动采样窗口步长为 10 ms。在其他数据集上的滑动采样窗口配置请参考第 4.4.1 节中相关描述。

在 4 个基准数据集的实验结果如表 4－8 所示。在 NinaPro DB1 数据集上,Atzori 等人[37] 使用 200 ms 滑动窗口提取 Atzori 特征集输入随机森林分类器进行手势识别,识别 50 个手势时取得了 75.3% 的准确率。Geng 等人[1] 使用瞬态肌电信号作为卷积神经网络 GengNet 的输入进行端到端手势识别,识别 52 个手势时的 200 ms 投票准确率为 77.8%。同样滑动采样窗口配置下,多视图深度学习方法 MultiViewNet 识别 52 个手势时的准确率为 88.2%,超过了所有已知方法在 NinaPro DB1 上取得的手势识别准确率。

在 NinaPro DB2 数据集上,Atzori 等人[37] 使用 200 ms 滑动窗口提取 Atzori 特征集输入随机森林分类器进行手势识别,识别 50 个手势时同样取得 75.3% 的准确率。Zhai 等人[73] 基于 200 ms 滑动窗口提取肌电信号频谱输入卷积神经网络 ZhaiNet 进行单视图学习,识别 50 个手势时的准确率为 78.7%。同样滑动采样窗口配置下,MultiViewNet 在识别 50 个手势时的准确率为

83.7%,超过了所有已知方法在 NinaPro DB2 上取得的手势识别结果。

在 NinaPro DB5 数据集上,Pizzolato 等人[38]使用 200 ms 滑动窗口提取 mDWT 特征输入支持向量机分类器进行手势识别,在使用两个 Myo 腕带采集的 16 通道肌电信号(NinaPro DB5)识别 41 个手势时取得了 69.0% 的识别准确率。当仅使用靠近肘侧的 Myo 腕带(记作 NinaPro DB5-1)采集的 8 通道肌电信号时,识别 41 个手势的准确率为 55.3%,当仅使用靠近腕侧的 Myo 腕带(记作 NinaPro DB5-2)采集的 8 通道肌电信号时,识别 41 个手势的准确率为 54.8%。作为对比,同样滑动采样窗口配置下,MultiViewNet 使用三种传感器配置获得的手势识别准确率分别为 75.8%(NinaPro DB5)、67.0%(NinaPro DB5-1)和 68.8%(NinaPro DB5-2),超过了 Pizzolato 等人提出的方法。

在 BioPatRec 数据集上,Khushaba 等人[66]提取时域-空间算子(TSD)作为时域特征输入线性判别分析分类器进行手势识别,在使用 50 ms 和 150 ms 滑动窗口提取特征的情况下识别所有 26 个手势动作的准确率分别为 86.3% 和 92.9%,MultiViewNet 在使用 50 ms 和 150 ms 滑动窗口提取特征的情况下识别所有 26 个手势动作的准确率分别为 90.9% 和 94.0%,超过了 Khushaba 等人提出的方法。

本节的实验结果充分证明了本章提出的多视图深度学习方法在 4 个基准肌电数据集上,相比表 4-8 中列举的单视图学习方法[1,37-38,66,72-73]可以获得更高的手势识别准确率。

4.5　小结

为了提升稀疏多通道肌电信号的手势识别性能,本章提出了一种面向肌电手势识别的多视图深度学习方法。该方法提取了 10 种肌电信号特征集构建为肌电信号 10 个视图的数据。在多视图构建过程中,本章引入了 Jiang 等人[164]提出的信号通道重排列算法,生成有利于卷积神经网络对两两肌电通道之间关联性进行学习的多视图数据。为满足多视图学习的互补性准则,本章通过一个在深度学习方法框架下的视图选择过程,从 10 个视图中选择出了具有最高手势识别性能的 3 个视图,将这 3 个视图的数据作为多视图卷积神经网络的输入。

多视图卷积神经网络由两部分构成,前半部分为多流卷积神经网络,多流卷积神经网络的每个分支对每个输入视图的数据单独进行建模;后半部分通过一个多视图聚合网络对多个视图进行聚合。我们在 NinaPro DB1 数据集上对比测试了多视图聚合网络、视图池化和决策层融合三种多视图聚合方法,测试结果表明本章提出的多视图聚合网络相比基于视图池化的多视图聚合方法以及基于决策层融合的多视图聚合方法具有更好的性能。

我们在 NinaPro DB1、NinaPro DB2、NinaPro DB5 和 BioPatRec 4 个稀疏多通道肌电数据集上,对提出的多视图深度学习方法进行了评测,评测结果表明本研究提出的多视图深度学习方法在 4 个稀疏多通道数据集上可以获得比 4 个数据集上已知工作[1,37-38,66,72-73]更高的手势识别准确率。

5 会话间肌电手势识别中的多流 AdaBN 领域自适应方法研究

之前章节中我们在研究中使用的评测协议主要针对会话间（intra-session）手势识别，其训练数据和测试数据均来自同一个数据采集会话。另一方面，MCI 在日常使用中不可避免地会遇到会话间（inter-session）手势识别问题，例如一个已经训练好的模型需要用来识别新用户的手势动作，或者一个已经训练好的模型需要在用户重新放置电极后继续进行手势识别。在会话间手势识别中，手势识别系统的性能会受到肌电信号个体差异的影响，这种个体差异往往由不同采集会话间的电极位移，或不同被试之间肌肉形状尺寸、发力大小、疲劳程度以及皮肤阻抗的不同造成，这种个体差异往往会导致来自不同采集会话的训练数据和测试数据具有不同的分布[75-76]，使得从当前个体学习获得的分类器模型难以有效扩展和应用到其他个体。

本章将尝试在深度学习框架下的会话间肌电手势识别中应用多流 AdaBN 方法[5]进行领域自适应，使从当前个体学习获得的深度神经网络模型可以有效地扩展和应用到其他个体。

5.1　概述

本章将会话间手势识别时肌电信号个体差异导致的训练数据和测试数据不同分布问题视为一个领域自适应问题，其中训练数据和测试数据分别属于不同的源域和目标域。领域自适应是近年来机器学习研究的重点之一，它主要用于解决源域和目标域具有不同数据分布的问题。当带标签的训练数据集 $\mathcal{X}$ 和无标签的待识别数据集 $\mathcal{T}$ 来自不同被试或同一被试不同数据采集会话时，通常也具有个体差异性导致的不同数据分布，因此可以理解为一个领域自适应问题，其中 $\mathcal{X}$ 为源域，而 $\mathcal{T}$ 为目标域。近年来，研究者们针对深度学习中的领域自适应问题，提出了模型微调（fine-tuning）[166]、深度特征二阶统计量对齐[167]、最小化深度特征最大平均差异（maximum mean discrepancies，MMD）[168]等一系列领域自适应方法。

领域自适应技术已在 MCI 领域中得到了广泛应用。例如 Patricia 等人[169]在 NinaPro DB1 数据集上对多种自适应学习算法进行了评估，其中应用多核自适应学习（multi kernel adaptive learning，MKAL）的手势识别方法在识别 52 个手势时可以取得 40% 的被试间交叉验证准确率。Khushaba[170]从待识别数据集与训练数据集提取出少量样本，通过与一名专家被试（expert user）的数据样本进行基于典型相关分析（canonical correlation analysis，CCA）的标定（calibration），在识别 12 个手势时取得了大于 82% 的被试间交叉验证准确率。Du 等人[5]提出一种多流 AdaBN 领域自适应技术，在识别 NinaPro DB1 的 52 个手势时取得了 67.4% 的被试间交叉验证准确率。

本章对前两章提出的多流融合深度学习方法和多视图深度学习方法应用多流 AdaBN 方法进行领域自适应，使得训练好的深度神经网络模型可以有效地扩展和应用到新用户或新会话的手势识别中去。

5.2 问题描述

假设我们有带标签的训练数据集 $\mathscr{X} = \{(\boldsymbol{x}_i^{train}, \boldsymbol{y}_i^{train} \mid \boldsymbol{x}_i \in \mathbf{R}^D\}_{i=1}^{N_{train}}$，以及待识别的无标签数据集 $\mathscr{T} = \{\boldsymbol{x}_i^u \mid \boldsymbol{x}_i^u \in \mathbf{R}^D\}_{i=1}^{N_u}$，其中 N_{train} 和 N_u 分别为训练样本的总数和无标签样本的总数，D 为每个样本的维度，y_i^{train} 为训练数据集中每个样本 $\boldsymbol{x}_i^{train}$ 的标签。我们训练深度神经网络模型 h_ω 来识别无标签数据集中每个样本的手势标签，其中 $\boldsymbol{\omega}$ 是深度神经网络参数。

当带标签的训练数据集 $\mathscr{X}$ 和无标签的待识别数据集 $\mathscr{T}$ 来自同一名被试或同一数据采集会话时，我们称对应的手势识别问题为会话内手势识别。当 $\mathscr{X}$ 和 $\mathscr{T}$ 来自不同被试或不同数据采集会话时，我们称对应的手势识别问题为会话间手势识别。

本章的核心思想是将会话间或被试间手势识别时肌电信号个体差异导致的训练数据集和测试数据集不同分布问题视为一个领域自适应问题。其中待识别的无标签数据集 $\mathscr{T}$ 为目标域，而训练数据集 $\mathscr{X}$ 为源域。领域自适应方法通常也分为无监督自适应方法和有监督自适应方法，无监督自适应方法主要是使用一部分无标签待识别数据样本 $\mathcal{A}_u \subset \mathscr{T}$ 作为标定数据，使用无监督学习方法对神经网络参数 $\boldsymbol{\omega}$ 进行更新。有监督自适应方法适用于具有一部分可用于标定的有标签数据样本 $\mathcal{A}_l = \{x_i^l, y_i^l\} \mid \boldsymbol{x}_i \in \mathbf{R}^D\}_{i=1}^{N_l}$ 的情况，其使用这部分有标签标定数据，通过有监督学习方法对神经网络参数 $\boldsymbol{\omega}$ 进行更新。

5.3 多流 AdaBN 领域自适应方法介绍

本章采用了 Du 等人[5]针对基于肌电的手势识别问题提出的多流 AdaBN 技术进行领域自适应,多流 AdaBN 技术和批次归一化(batch normalization)以及自适应批次归一化(adaptive batch normalization,AdaBN)两项深度学习技术具有紧密的联系。

批次归一化由 Ioffe 和 Szegedy[156]提出,其最初是为了解决深度神经网络参数训练时存在的内部协方差偏移(internal covariate shift)问题。内部协方差偏移指的是深度神经网络在训练时内部数据分布发生改变的现象,并且随着神经网络层数的增加,这种偏移会因为链式规则而被放大。内部协方差偏移会降低神经网络训练的收敛速度,并降低网络的泛化能力。批次归一化的核心思想是对神经网络隐层每一批次的输入样本,使用该批次样本的均值和方差对其进行归一化。

对于每个批次的输入数据样本 $\mathbf{Z}=[\mathbf{Z}_1,\mathbf{Z}_2,\cdots,\mathbf{Z}_n]\in\mathbf{R}^{m\times n}$,批次归一化的输出 $\mathbf{Z}'=[\mathbf{Z}'_1,\mathbf{Z}'_2,\cdots,\mathbf{Z}'_n]\in\mathbf{R}^{m\times n}$ 中第 i 维特征 $\mathbf{Z}'_i$ 的计算公式为

$$\mathbf{Z}'_i=\frac{\mathbf{Z}_i-\mu(\mathbf{Z}_i)}{\sqrt{\sigma(\mathbf{Z}_i)}}\gamma+\beta \tag{5-1}$$

其中 m 为批次样本的数量;n 为批次样本的维度;γ 和 β 分别为线性变换的缩放(scale)和偏移(shift)参数;$\mu(\mathbf{Z}_i)$ 和 $\sigma(\mathbf{Z}_i)$ 分别计算批次样本第 i 维特征 $\mathbf{Z}_i$ 的均值和方差统计量。

AdaBN 属于一种无监督领域自适应方法,由 Li 等人[171]提出。其核心思想为:在训练阶段,确保每个批次的训练样本来自同一个源域,以保证批次归一化对每个源域的均值和方差是独立计算的;在识别阶段,对于无标签的待识别样本集 T,选取一部分无标签待识别样本 $A_u\subset T$,计算 A_u 中每个维度特征的均

值 $\mu(A_{tdi})$ 和方差 $\sigma(A_{tdi})$，并通过一次正向传播更新批次归一化中的均值和方差统计量。通过上述逐域归一化过程，AdaBN 可以使神经网络每一层的输入数据样本具有相似的分布，即便它们来自不同的源域或目标域。

多流 AdaBN 是对 AdaBN 的改进，由 Du 等人[5]提出，通过将批次归一化中输入的每一批次样本平均分为 M 份，并确保每份样本来自同一个域，构建 M 个分支的多流网络执行 AdaBN 算法，每个分支输入均为 M 份样本中的一份，并且所有网络分支共享除 BatchNorm 统计量以外的所有参数。

Du 等人[5]面向肌电手势识别而提出的领域自适应框架如图 5-1 所示，该框架既支持使用无标签待识别数据样本 $A_u \subset T$ 进行领域自适应，也支持在领域自适应基础上继续使用有标签的测试数据 $A_l \subset X_{test}$ 进行模型微调（fine-tuning）。我们使用这一领域自适应框架对多流融合深度学习方法和多视图深度学习方法的会话间手势识别性能进行评测。

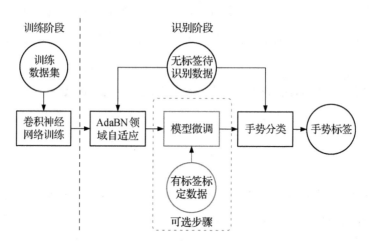

图 5-1 Du 等人面向肌电手势识别提出的领域自适应框架示意图[5]

5.4 性能评估与实验分析

本节将在多个基准肌电数据集上测试多流 AdaBN 自适应对第 3 章提出的多流融合深度学习方法和第 4 章提出的多视图深度学习方法的会话间手势识别性能改善,并将得到的会话间手势识别准确率与 Du 等人[5]使用单流卷积神经网络配合多流 AdaBN 领域自适应取得的基准结果进行对比。

5.4.1 对多流融合深度学习方法的会话间手势识别测试

本节首先在 CSL-HDEMG、CapgMyo DB-b 和 CapgMyo DB-c 三个高密度肌电数据集上对第 3 章提出的多流融合深度学习方法(记作 MSFusionNet)进行会话间手势识别测试。

CSL-HDEMG 数据集的描述参考本书第 3.4.4 小节。在 CSL-HDEMG 数据集上的评测遵循 Du 等人[5]使用的会话间评测协议。即对于每个被试进行留一会话交叉验证(leave-one-session-out cross-validation),每折(fold)测试中,依次使用 5 次数据采集会话中 1 次会话的数据作为测试集,其余 4 次会话的数据作为训练集,并使用所有可用的训练数据进行预训练。本节对 CSL-HDEMG 数据集中肌电数据的预处理手段与该数据集上已知工作[5,48] 保持一致,即对肌电信号进行带通滤波和分段,同时对每帧肌电信号生成的肌电图像使用 3×3 中值滤波器修复坏通道。

在 CSL-HDEMG 数据集上的手势识别基于瞬态肌电信号进行,识别所有 27 个手势动作,对原始肌电图像的多流表征使用第 3 章中选出的最优多流表征方案,即将原始肌电 7×24 肌电图像等分为 3 个 7×8 子图像,分别作为每个卷积神经网络分支的输入进行建模。

在 CSL-HDEMG 高密度肌电数据集上的实验结果如表 5-1 所示。从表中可以看出,在进行领域自适应后,MSFusionNet 在 CSL-HDEMG 高密度肌电数据集上的会话间手势识别准确率有所上升。而另一方面,MSFusionNet 经过领域自适应所取得的会话间手势识别准确率与 Du 等人[5] 使用的单流卷积神经网络经过领域自适应所取得的会话间手势识别准确率相比存在一定的差距。

表 5-1 CSL-HDEMG 上不同方法的会话间手势识别准确率

手势识别方法	领域自适应方法	单帧准确率	多数投票准确率			
			48 ms 投票	150 ms 投票	263 ms 投票	整段动作投票
单流卷积神经网络[5]	无	29.3%	—	—	—	62.7%
MSFusionNet	无	28.7%	45.5%	52.5%	56.8%	75.1%
单流卷积神经网络[5]	**多流 AdaBN**	**35.4%**	**58.9%**	**693%**	**75.4%**	**82.3%**
MSFusionNet	多流 AdaBN	33.4%	56.6%	66.8%	73.1%	79.9%

注:加粗的项目为取得最优手势识别准确率的实验配置。

本节进一步在 CapgMyo 高密度肌电数据集的 DB-b 和 DB-c 两个子数据集上对 MSFusionNet 进行会话间手势识别测试。CapgMyo 数据集使用环绕前臂放置的 8 片 8×2 电极阵列采集高密度肌电信号,CapgMyo DB-b 数据集包含在 2 个不同数据采集会话从 10 名被试采集的 8 种手势的高密度肌电信号,CapgMyo DB-c 数据集包含从 10 名被试采集的 12 种手势的高密度肌电信号,CapgMyo 数据集的详细描述请参考 Geng 等人[1] 的研究。

CapgMyo 数据集两个子集上的评测协议与 Du 等人[5] 使用的评测协议保持一致。具体地说,CapgMyo 数据集上的评测协议分为被试间评测协议和会话间评测协议。被试间(inter-subject)手势识别也属于一种特殊的会话间手势识别,指的是训练集和测试集来自不同被试的手势识别。CapgMyo DB-b 和 CapgMyo DB-c 上的被试间评测协议采用留一被试交叉验证(leave-onesubject-out cross-validation)，每折测试依次使用 10 名被试中一名被试的数据作为测试集，其他所有被试的数据作为训练集。CapgMyo DB-b 上的会话间评测协议则使用每名被试第 1 个会话的数据作为训练集，第 2 个会话的数据作为测试集，并应用预训练得到网络初始参数，预训练使用了所有被试第 1 个会话的数据。

在 CapgMyo DB-b 和 CapgMyo DB-c 上的手势识别基于瞬态肌电信号进行，在 CapgMyo DB-b 和 DB-c 上识别的手势动作均为各数据集中所有的手势动作。对原始肌电图像的多流表征使用第 3 章中选出的最优的多流表征方案，即将每片 8×2 电极阵列采集的高密度肌电信号转化为子图像，分别作为每个卷积神经网络分支的输入进行建模。

在 CapgMyo DB-b 和 CapgMyo DB-c 数据集上的实验结果如表 5-2 所示。从表中可以看出，在进行领域自适应后，MSFusionNet 在 CapgMyo DB-b 和 CapgMyo DB-c 两个数据集上取得的被试间和会话间手势识别准确率都有所上升。另一方面，虽然在 CapgMyo DB-b 数据集上 MSFusionNet 不经领域自适应取得的被试间与会话间手势识别准确率比 Du 等人使用的单流卷积神经网络不经领域自适应取得的被试间与会话间手势准确率高，但是在 CapgMyo DB-b 和 CapgMyo DB-c 两个数据集上 MSFusionNet 经过领域自适应取得的会话间手势识别准确率与 Du 等人使用的单流卷积神经网络经过领域自适应取得的会话间手势识别准确率相比存在一定的差距。

我们认为，导致 MSFusionNet 会话间手势识别准确率不如单流卷积神经网络的一个可能原因是 MSFusionNet 通过对前臂不同肌群的肌电信号进行关联性建模，使得所学习获得的卷积神经网络模型与特定个体的肌群依赖性增强。当应用一个新个体的肌群时，这种依赖性极有可能造成了卷积神经网络模型性能的退化。

表5-2 CapgMyo DB-b 和 CapgMyo DB-c 上不同方法的会话间和被试间手势识别准确率

手势识别方法	数据集	领域自适应方法	被试间手势识别准确率		会话间手势识别准确率	
			单帧准确率	150 ms 投票准确率	单帧准确率	150 ms 投票准确率
单流卷积神经网络[5]	CapgMyo DB-b	无	31.4%	39.0%	35.0%	47.9%
MSFusionNet	CapgMyo DB-b	无	31.5%	40.5%	38.9%	55.6%
单流卷积神经网络[5]	CapgMyo DB-b	多流 AdaBN	**35.1%**	**55.3%**	**41.2%**	**63.3%**
MSFusionNet	CapgMyo DB-b	多流 AdaBN	33.6%	52.3%	40.5%	62.3%
单流卷积神经网络[5]	CapgMyo DB-c	无	18.9%	26.3%	—	—
MSFusionNet	CapgMyo DB-c	无	19.3%	25.6%	—	—
单流卷积神经网络[5]	CapgMyo DB-c	多流 AdaBN	**21.2%**	35.1%	—	—
MSFusionNet	CapgMyo DB-c	多流 AdaBN	20.1%	**36.7%**	—	—

注:加粗的项目为取得最优手势识别准确率的实验配置。

5.4.2　对多视图深度学习方法的被试间手势识别测试

本节对第 4 章提出的多视图深度学习方法（MultiViewNet）进行被试间识别测试。测试在 NinaPro DB1 稀疏多通道肌电数据集上进行，对 NinaPro DB1 中除休息动作外的所有 52 个手势动作进行识别。本节遵循 Patrica 等人[169]和 Du 等人[5]使用的评测协议，即留一被试交叉验证，每折测试依次使用 27 名被试中一名被试的数据作为测试集，其他所有被试的数据作为训练集。

我们在 NinaPro DB1 上的评测使用了 Du 等人[5]提出的领域自适应框架，即图 5-1 中包含虚线标识的可选项步骤的完整框架，具体描述为：在留一被试交叉验证每折测试中，使用测试数据中一小部分带标签的数据子集作为标定集进行领域自适应，其中标定集对应的会话编号与测试集的会话编号没有交集，即每次会话不会同时属于标定集和测试集。使用 10 次手势动作重复（trials）中编号为 1、3、4、5 和 9 的重复进行卷积神经网络训练和领域自适应，编号为 2、6、7、8 和 10 的重复进行测试。在每折交叉验证中，首先使用来自训练集中 26 个被试的训练数据训练模型，然后使用标定集进行领域自适应，最后再使用标定集进行模型微调[5]。

本节的实验使用与第 4 章相同的数据预处理手段对原始肌电信号进行预处理。并参考 Patrica 等人[169]和 Du 等人[5]的相关研究工作，对训练和标定数据集进行 16 倍的降采样处理。为便于与 Patrica 等人[169]和 Du 等人[5]的工作进行对比，本节在特征提取时使用 400 ms 长度的滑动采样窗口，与这些工作保持一致。

在 NinaPro DB1 上的实验结果如表 5-3 所示。从表中可以看出，对第 4 章提出的多视图深度学习方法（MultiViewNet）应用多流 AdaBN 领域自适应和模型微调后，识别 NinaPro DB1 中 52 个手势时的被试间手势识别准确率有大幅度的提升。同时,相比应用多流 AdaBN 领域自适应和模型微调的单流卷积神经网络[5]和应用多核自适应学习的支持向量机[169],应用多流 AdaBN 领域自适应和模型微调的 MultiViewNet 在识别 NinaPro DB1 中的 52 个手势时可以获得更高的被试间手势识别准确率。

表 5-3 NinaPro DB1 上不同方法的被试间手势识别准确率

手势识别方法	方法类型	领域自适应方法	窗口长度 (ms)	手势识别 准确率
支持向量机[169]	传统分类器	多核自适应学习	400	约 40.0%
单流卷积神经网络[5]	端到端深度学习	多流 AdaBN+模型微调	400	67.4%
MultiViewNet	多视图深度学习	无	400	19.9%
MultiViewNet	多视图深度学习	多流 AdaBN+模型微调	400	**84.3%**

注:加粗的项目为取得最优手势识别准确率的实验配置。

5.5　小结

本章将肌电信号个体差异导致的训练数据和测试数据不同分布问题视为一个领域自适应问题,其中训练数据和测试数据分别属于不同的源域和目标域。尝试应用多流 AdaBN 领域自适应技术,通过少量标定数据进行领域自适应,使得从当前个体学习获得的深度神经网络模型可以有效地扩展和应用到其他个体。

本章在 4 个不同肌电数据集上对第 3 章提出的多流融合深度学习方法和第 4 章提出的多视图深度学习方法进行会话间手势识别测试。实验结果表明,在应用多流 AdaBN 方法后,无论是多流融合深度学习方法还是多视图深度学习方法,其获得的会话间和被试间手势识别准确率都会有所改善,证明多流 AdaBN 作为一种深度领域自适应技术,使得训练好的深度神经网络模型可以有效地扩展和应用到新用户或新会话的手势识别中去。

另外,多流融合深度学习方法在高密度肌电数据集上经过领域自适应取得的被试间与会话间手势识别准确率比 Du 等人[5]使用的单流卷积神经网络经过领域自适应取得的被试间与会话间手势识别准确率要低。我们认为造成这种性能差异的一个可能原因是多流融合深度学习方法通过对前臂不同肌群的肌电信号进行关联性建模,使得所学习获得的卷积神经网络模型与特定个体的肌群依赖性增强。当应用一个新个体的肌群时,这种依赖性极有可能造成了卷积神经网络模型手势识别性能的退化。

与多流融合深度学习方法不同,多视图深度学习方法在 NinaPro DB1 稀疏多通道肌电数据集上经过领域自适应和模型微调取得的被试间手势识别准确率明显超过了传统单流卷积神经网络[5]在该数据集上经过领域自适应和模型微调取得的被试间手势识别准确率,证明了本研究提出的多视图深度学习方法相比 Du 等人[5]研究中使用的单流卷积神经网络,在会话间手势识别时可以获得更高的手势识别性能。

6 总结与展望

手势是一种自然、直观且易于学习的人机交互手段,手势识别是实现感知用户界面的关键技术之一,手势识别的实现需要计算机从用户输入信息中准确地识别出用户的手势动作。基于表面肌电的手势识别技术凭借其对光照条件、遮挡的鲁棒性、良好的可穿戴性和对细微动作的区分能力,成为近年来感知用户界面领域的研究热点之一,并在医疗康复和人机交互等领域得到了广泛应用。一方面,随着人们对感知用户界面的精确度要求越来越高,以卷积神经网络为代表的深度学习方法逐渐受到了人们的关注,并且被证明在肌电手势识别中相比传统机器学习方法具有更好的性能。另一方面,基于深度学习的肌电手势识别方法依然面临一些问题。本书主要围绕这些问题,在深度学习框架下对多流融合学习、多视图学习和深度领域自适应三方面技术在肌电手势识别中的应用进行了探索和尝试,具体包括以下几个方面:

(1) 提出一种面向肌电手势识别的多流融合深度学习方法。我们首先对前臂肌电信号生成的肌电图像进行多流表征,将得到的多个子图像分别输入多流卷积神经网络各个分支中进行建模,之后通过特征层多流融合,把多个分支的输出融合在一起。提出的多流融合深度学习方法对前臂不同肌群的肌电信号进行关联性建模,可以有效提高肌电手势识别的准确率。本研究在 1 个稀疏多通道肌电数据集与 2 个高密度肌电数据集上对面向肌电手势识别的多流融合深度学习方法进行了评测,评测结果表明,多流融合深度学习方法在 3 个肌电数据集上不同长度滑动采样窗口和投票窗口下取得的手势识别准确率均超过了这些数据集上的已知肌电手势识别方法。

（2）提出一种面向肌电手势识别的多视图深度学习方法。我们提取了10种经典肌电信号特征集构建为肌电信号10个不同视图的数据，并通过一个在深度学习方法框架下的视图选择过程从这10个视图中选出具有最高手势识别性能的3个视图，将其数据输入多视图卷积神经网络中进行建模。多视图卷积神经网络由两部分构成，前半部分为多流卷积神经网络，多流卷积神经网络的每个分支对每个输入视图的数据单独进行建模；后半部分通过一个多视图聚合网络对多个视图进行聚合。本研究在4个稀疏多通道肌电数据集上，对面向肌电手势识别的多视图深度学习方法进行评测，评测结果表明多视图深度学习方法在不同滑动采样窗口下取得的手势识别准确率均超过了这些数据集上的已知手势识别方法。提出的方法截至2018年5月，在NinaPro基准数据集3个子数据集（NinaPro DB1、NinaPro DB2和NinaPro DB5）上分别识别52、50和41个手势时获得的识别准确率为已知最高识别准确率。

（3）我们将会话间或被试间手势识别时肌电信号个体差异导致的训练数据和测试数据不同分布问题视为一个领域自适应问题，其中训练数据和测试数据分别属于不同的源域和目标域。尝试应用前沿工作提出的多流AdaBN领域自适应技术，通过少量标定数据进行领域自适应，使得从当前个体学习获得的深度神经网络模型可以有效地扩展和应用到其他个体。我们在4个不同数据集上对多流融合深度学习方法和多视图深度学习方法进行了会话间手势识别测试。实验结果表明，在应用领域自适应的情况下，多流融合深度学习方法的会话间手势识别性能不及基于单流卷积神经网络进行手势识别的已有工作[5]，而多视图卷积神经网络的会话间手势识别准确率相比基于单流卷积神经网络进行手势识别的已有工作[5]有较为明显的提升。本研究对多流融合深度学习方法的会话间手势识别性能不及传统单流卷积神经网络的具体原因进行了分析,认为一个可能原因是多流融合深度学习方法通过对前臂不同肌群的肌电信号进行关联性建模,使得所学习获得的分类器与特定个体的肌群依赖性增强。当应用一个新个体的肌群时,这种依赖性极有可能造成了分类器性能的退化。

本书的研究还有许多问题有待解决。下面列举了本研究的一些不足之处和未来工作展望:

(1)本书提出的多流融合深度学习方法在高密度肌电数据集上的手势识别主要基于瞬态肌电图像,没有考虑肌电信号的时序信息,未来工作将在该方法架构基础上应用循环神经网络等时序模型以提升手势识别性能。

(2)本书提出的多流融合深度学习方法取得的会话间手势识别准确率不及传统单流卷积神经网络,本研究仅对其可能的原因进行了分析,但是并没有通过实验进一步验证这一分析,未来工作将继续探索造成这种性能差异的具体原因。

(3)本书提出的多视图深度学习方法可以利用特征选择算法来进一步剔除不同视图中的冗余信息,构建更具手势判别性能的输入,从而进一步提升手势识别性能。

参考文献

[1] Geng W D, Du Y, Jin W G, et al. Gesture recognition by instantaneous surface EMG images[J]. Scientific Reports, 2016, 6(1): 36571.

[2] McIntosh J, McNeill C, Fraser M, et al. EMPress: practical hand gesture classification with wrist-mounted EMG and pressure sensing [C]// Proceedings of the 2016 CHI Conference on Human Factors in Computing Systems. San Jose California USA. New York, NY, USA: ACM, 2016: 2332 - 2342.

[3] Zhang X, Chen X, Zhao Z Y, et al. Research on gesture definition and electrode placement in pattern recognition of hand gesture action SEMG [C]//Medical Biometrics, 2007. DOI: 10. 1007/978-3-540-77413-6_5.

[4] Wei W T, Wong Y, Du Y, et al. A multi-stream convolutional neural network for sEMG-based gesture recognition in muscle-computer interface [J]. Pattern Recognition Letters, 2019, 119: 131 - 138.

[5] Du Y, Jin W G, Wei W T, et al. Surface EMG-based inter-session gesture recognition enhanced by deep domain adaptation[J]. Sensors, 2017, 17 (3): 458.

[6] Jung P G, Lim G, Kim S, et al. A wearable gesture recognition device for detecting muscular activities based on air-pressure sensors[J]. IEEE Transactions on Industrial Informatics, 2015, 11(2): 485 - 494.

[7] Rosenberg V. Opinion paper. The scientific premises of information science[J]. Journal of the American Society for Information Science,

1974,25(4):263-269.

[8] Hartson H R, Hix D. Human-computer interface development: Concepts and systems for its management[J]. ACM Computing Surveys, 1989, 21 (1):5-92.

[9] Engelbart D C, English W K. A research center for augmenting human intellect[C]//Proceedings of the 1968 Fall Joint Computer Conference, Part Ⅰ on-AFIPS '68 (Fall, Part Ⅰ). December 9 - 11, 1968. San Francisco, California. New York: ACM Press, 1968:395-410.

[10] Turk M, Robertson G. Perceptual user interfaces (introduction)[J]. Communications of the ACM, 2000, 43(3):32-34.

[11] Harper L D, Gertner A S, van Guilder J A. Perceptive assistive agents in team spaces[C]//Proceedings of the 9th International Conference on Intelligent User Interface—IUI '04. January 13 - 16, 2004. Funchal, Madeira, Portugal. New York: ACM Press, 2004:253-255.

[12] 李云. 基于肌电模式的中国手语识别研究及康复应用探索[D]. 合肥:中国科学技术大学,2013.

[13] Yang M H, Ahuja N. Extraction and classification of visual motion patterns for hand gesture recognition[C]//Proceedings of 1998 IEEE Computer Society Conference on Computer Vision and Pattern Recognition (Cat. No. 98CB36231). June 25 - 25, 1998, Santa Barbara, CA, USA. IEEE, 1998:892-897.

[14] Cheok M J, Omar Z, Jaward M H. A review of hand gesture and sign language recognition techniques[J]. International Journal of Machine Learning and Cybernetics, 2019, 10(1):131-153.

[15] Wang P S, Song Q, Han H, et al. Sequentially supervised long short-term memory for gesture recognition[J]. Cognitive Computation, 2016, 8(5):

982 - 991.

[16] Yang C, Han D K, Ko H. Continuous hand gesture recognition based on trajectory shape information[J]. Pattern Recognition Letters, 2017, 99: 39 - 47.

[17] Rautaray S S, Agrawal A. Vision based hand gesture recognition for human computer interaction: A survey [J]. Artificial Intelligence Review, 2015, 43(1): 1 - 54.

[18] Pisharady P K, Saerbeck M. Recent methods and databases in vision-based hand gesture recognition: A review[J]. Computer Vision and Image Understanding, 2015, 141: 152 - 165.

[19] Itkarkar R R, Nandi A V. A survey of 2D and 3D imaging used in hand gesture recognition for human-computer interaction (HCI)[C]//2016 IEEE International WIE Conference on Electrical and Computer Engineering (WIECON-ECE). December 19 - 21, 2016, Pune, India. IEEE, 2016: 188 - 193.

[20] Chen Z H, Kim J T, Liang J N, et al. Real-time hand gesture recognition using finger segmentation[J]. Scientific World Journal, 2014, 2014: 1 - 9.

[21] Yang H D. Sign language recognition with the Kinect sensor based on conditional random fields[J]. Sensors, 2015, 15(1): 135 - 147.

[22] Zhang Y L, Liang W, Tan J D, et al. PCA & HMM based arm gesture recognition using inertial measurement unit[C]//Proceedings of the 8th International Conference on Body Area Networks. September 30-October 2, 2013. Boston, USA. ACM, 2013: 193 - 196.

[23] Simão M, Neto P, Gibaru O. Natural control of an industrial robot using hand gesture recognition with neural networks[C]//IECON 2016—42nd

Annual Conference of the IEEE Industrial Electronics Society. October 23 – 26,2016,Florence,Italy. IEEE,2016:5322 – 5327.

[24] Pu Q F,Gupta S,Gollakota S,et al. Whole-home gesture recognition using wireless signals[C]//Proceedings of the 19th Annual International Conference on Mobile Computing & Networking—MobiCom '13. September 30-October 4,2013. Miami,Florida,USA. New York:ACM Press,2013:27 – 28.

[25] Chou Y H,Cheng H C,Cheng C H,et al. Dynamic time warping for IMU based activity detection[C]//2016 IEEE International Conference on Systems,Man,and Cybernetics (SMC). October 9 – 12,2016,Budapest, Hungary. IEEE,2016:3107 – 3112.

[26] Luzanin O,Plancak M. Hand gesture recognition using low-budget data glove and cluster-trained probabilistic neural network[J]. Assembly Automation,2014,34(1):94 – 105.

[27] Abdelnasser H,Youssef M,Harras K A. WiGest:A ubiquitous WiFi-based gesture recognition system [C]//2015 IEEE Conference on Computer Communications (INFOCOM). April 26-May 1,2015,Hong Kong,China. IEEE,2015:1472 – 1480.

[28] Förster K,Biasiucci A,Chavarriaga R,et al. On the use of brain decoded signals for online user adaptive gesture recognition systems [C]// Pervasive Computing,2010. DOI:10. 1007/978-3-642-12654-3_25.

[29] Ahsan M R,Lbrahmy M I,Khalifa O O. EMG signal classification for human computer interaction A review[J]. European Journal of Scientific Research,2009,33:480 – 501.

[30] Konrad P. The ABC of EMG A practical introduction to kinesiological electromyography[J]. Noraxon INC. USA A,2005(April):1 – 60.

[31] 张旭. 基于表面肌电信号的人体动作识别与交互[D]. 合肥：中国科学技术大学，2010.

[32] Khushaba R N, Kodagoda S, Takruri M, et al. Toward improved control of prosthetic fingers using surface electromyogram (EMG) signals[J]. Expert Systems With Applications, 2012, 39(12): 10731 - 10738.

[33] Li Y, Chen X, Zhang X, et al. A sign-component-based framework for Chinese sign language recognition using accelerometer and sEMGdata [J]. IEEE Transactions on Biomedical Engineering, 2012, 59(10): 2695 - 2704.

[34] Saponas T S, Tan D S, Morris D, et al. Demonstrating the feasibility of using forearm electromyography for muscle-computer interfaces[C]// Proceeding of the twenty-sixth annual CHI conference on Human factors in computing systems—CHI '08. April 5 - 10, 2008. Florence, Italy. New York: ACM Press, 2008: 515 - 524.

[35] Saponas T S, Tan D S, Morris D, et al. Enabling always-available input with muscle-computer interfaces[C]//Proceedings of the 22nd annual ACM symposium on User interface software and technology—UIST '09. October 4 - 7, 2009. Victoria, BC, Canada. New York: ACM Press, 2009: 167.

[36] Ortiz-Catalan M, Brånemark R, Håkansson B. BioPatRec: A modular research platform for the control of artificial limbs based on pattern recognition algorithms[J]. Source Code for Biology and Medicine, 2013, 8(1): 1 - 18.

[37] Atzori M, Gijsberts A, Castellini C, et al. Electromyography data for non-invasive naturally-controlled robotic hand prostheses[J]. Scientific Data, 2014, 1: 140053.

[38] Pizzolato S, Tagliapietra L, Cognolato M, et al. Comparison of six electromyography acquisition setups on hand movement classification tasks[J]. PLoS One,2017,12(10): e0186132.

[39] Palermo F, Cognolato M, Gijsberts A, et al. Repeatability of grasp recognition for robotic hand prosthesis control based on sEMG data [C]//2017 International Conference on Rehabilitation Robotics (ICORR). July 17 – 20,2017,London,UK. IEEE,2017: 1154 – 1159.

[40] Krasoulis A, Kyranou I, Erden M S, et al. Improved prosthetic hand control with concurrent use of myoelectric and inertial measurements[J]. J Neuroeng Rehabil,2017,14(1): 71.

[41] Drost G,Blok J H,Stegeman D F,et al. Propagation disturbance of motor unit action potentials during transient paresis in generalized myotoniaA high-density surface EMG study[J]. Brain,2001,124(2): 352 – 360.

[42] Staudenmann D,Kingma I,Daffertshofer A,et al. Improving EMG-based muscle force estimation by using a high-density EMG grid and principal component analysis[J]. IEEE Transactions on Biomedical Engineering, 2006,53(4): 712 – 719.

[43] Staudenmann D,Daffertshofer A,Kingma I,et al. Independent component analysis of high-density electromyography in muscle force estimation[J]. IEEE Transactions on Biomedical Engineering,2007,54(4): 751 – 754.

[44] Lapatki B G,van Dijk J P,Jonas I E,et al. A thin,flexible multielectrode grid for high-density surface EMG[J]. Journal of Applied Physiology, 2004,96(1): 327 – 336.

[45] Jin W G,Li Y D,Lin S Y. Design of a novel non-invasive wearable device for array surface electromyogram [J]. International Journal of Information and Electronics Engineering,2016,6(2): 139 – 142.

[46] Rojas-Martínez M, Mañanas M A, Alonso J F, et al. Identification of isometric contractions based on High Density EMG maps[J]. Journal of Electromyography and Kinesiology, 2013, 23(1): 33 - 42.

[47] Zhang X, Zhou P. High-density myoelectric pattern recognition toward improved stroke rehabilitation[J]. IEEE Transactions on Biomedical Engineering, 2012, 59(6): 1649 - 1657.

[48] Amma C, Krings T, Böer J, et al. Advancing muscle-computer interfaces with high-density electromyography [C]//Proceedings of the 33rd Annual ACM Conference on Human Factors in Computing Systems. Seoul Republic of Korea. New York, NY, USA: ACM, 2015: 929938.

[49] Wang A. Prediction of Human Hand Motions based on Surface Electromyogr[D]. Virginia: Virginia Polytechnic Institute and State University, 2017.

[50] Kainz O, Jakab F. Approach to hand tracking and gesture recognition based on depth-sensing cameras and EMG monitoring [J]. ActaInformatica Pragensia, 2014, 3(1): 104 - 112.

[51] Zhang X, Chen X, Li Y, et al. A framework for hand gesture recognition based on accelerometer and EMG sensors[J]. IEEE Transactions on Systems, Man, and Cybernetics—Part A: Systems and Humans, 2011, 41(6): 1064 - 1076.

[52] Lu R Q, Li Z J, Su C Y, et al. Development and learning control of a human limb with a rehabilitation exoskeleton[J]. IEEE Transactions on Industrial Electronics, 2014, 61(7): 3776 - 3785.

[53] Fajardo J, Lemus A, Rohmer E. Galileo bionic hand: SEMG activated approaches for a multifunction upper-limb prosthetic[C]//2015 IEEE Thirty Fifth Central American and Panama Convention (CONCAPAN

XXXV). November 11 – 13, 2015, Tegucigalpa, Honduras. IEEE, 2015: 1 – 6.

[54] Leonardis D, Barsotti M, Loconsole C, et al. An EMG-controlled robotic hand exoskeleton for bilateral rehabilitation[J]. IEEE Transactions on Haptics, 2015, 8(2): 140 – 151.

[55] Sathiyanarayanan M, Mulling T. Map navigation using hand gesture recognition: A case study using MYO connector on apple maps[J]. Procedia Computer Science, 2015, 58: 50 – 57.

[56] Oskoei M A, Hu H S. Adaptive myoelectric control applied to video game [J]. Biomedical Signal Processing and Control, 2015, 18: 153 – 160.

[57] Barniv Y, Aguilar M, Hasanbelliu E. Using EMG to anticipate head motion for virtual-environment applications[J]. IEEE Transactions on Biomedical Engineering, 2005, 52(6): 1078 – 1093.

[58] Seo M, Yoon D, Kim J, et al. EMG-based prosthetic hand control system inspired by missing-hand movement [C]//2015 12th International Conference on Ubiquitous Robots and Ambient Intelligence (URAI). October 28 – 30, 2015, Goyangi, Korea (South). IEEE, 2015: 290 – 291.

[59] Lung C W, Cheng T Y, Jan Y K, et al. Electromyographic assessments of muscle activation patterns during driving a power wheelchair [C]// Advances in Physical Ergonomics and Human Factors, 2016. DOI: 10. 1007/978-3-319-41694-6_68.

[60] Lee S M, Kim S D, Jang J H, et al. Design of an EMG signal recognition system for human-smartphone interface [C]//2015 International SoC Design Conference (ISOCC). November 2 – 5, 2015, Gyeongju, Korea (South). IEEE, 2015: 337 – 338.

[61] Wang B C, Yang C G, Xie Q. Human-machine interfaces based on EMG

and Kinect applied to teleoperation of a mobile humanoid robot[C]// Proceedings of the 10th World Congress on Intelligent Control and Automation. July 6－8,2012,Beijing,China. IEEE,2012：3903－3908.

[62] Wang N,Yang C G,Lyu M R,et al. An EMG enhanced impedance and force control framework for telerobot operation in space[C]//2014 IEEE Aerospace Conference. March 1－8,2014,Big Sky,MT,USA. IEEE, 2014：1－10.

[63] Farina D,Merletti R. Comparison of algorithms for estimation of EMG variables during voluntary isometric contractions [J]. Journal of Electromyography and Kinesiology,2000,10(5)：337－349.

[64] 赵章琰. 表面肌电信号检测和处理中若干关键技术研究[D]. 合肥：中国科学技术大学,2010.

[65] Englehart K,Hudgin B,Parker P A. A wavelet-based continuous classification scheme for multifunction myoelectric control[J]. IEEE Transactions on Biomedical Engineering,2001,48(3)：302－311.

[66] Khushaba R N,Al-Timemy A H,Al-Ani A,et al. A framework of temporal-spatial descriptors-based feature extraction for improved myoelectric pattern recognition [J]. IEEE Transactions on Neural Systems and Rehabilitation Engineering,2017,25(10)：1821－1831.

[67] Oskoei M A,Hu H S. Support vector machine-based classification scheme for myoelectric control applied to upper limb[J]. IEEE Transactions on Biomedical Engineering,2008,55(8)：1956－1965.

[68] Shin S,Tafreshi R,Langari R. A performance comparison of hand motion EMG classification [C]//2nd Middle East Conference on Biomedical Engineering. February 17－20,2014,Doha,Qatar. IEEE,2014：353 －356.

［69］ Ju P,Kaelbling L P,Singer Y. State-based classification of finger gestures from electromyographic signals ［C］//International Conference on Machine Learning, 2000:439 - 446.

［70］ Phinyomark A,Quaine F,Charbonnier S,et al. EMG feature evaluation for improving myoelectric pattern recognition robustness［J］. Expert Systems With Applications,2013,40(12): 4832 - 4840.

［71］ Baldi P,Sadowski P,Whiteson D. Searching for exotic particles in high-energy physics with deep learning［J］. Nature Communications, 2014, 5: 4308.

［72］ Atzori M,Cognolato M, Müller H. Deep learning with convolutional neural networks applied to electromyography data: A resource for the classification of movements for prosthetic hands ［J］. Frontiers in Neurorobotics,2016,10: 9.

［73］ Zhai X L,Jelfs B,Chan R H M,et al. Self-recalibrating surface EMG pattern recognition for neuroprosthesis control based on convolutional neural network[J]. Frontiers in Neuroscience,2017,11: 379.

［74］ Du Y,Wong Y,Jin W,et al. Semi-supervised learning for surface EMG-based gesture recognition ［C］//International Joint Conference on Artificial Intelligence, 2017:1624 - 1630.

［75］ Farina D, Jiang N, Rehbaum H, et al. The extraction of neural information from the surface EMG for the control of upper-limb prostheses: Emerging avenues and challenges[J]. IEEE Transactions on Neural Systems and Rehabilitation Engineering,2014,22(4): 797 - 809.

［76］ Castellini C,Smagt P. Surface EMG in advanced hand prosthetics［J］. Biological Cybernetics,2009,100(1): 35 - 47.

［77］ Hudgins B, Parker P, Scott R N. A new strategy for multifunction myoelectric control[J]. IEEE Transactions on Biomedical Engineering, 1993,40(1): 82 - 94.

[78] Du Y C, Lin C H, Shyu L Y, et al. Portable hand motion classifier for multi-channel surface electromyography recognition using grey relational analysis[J]. Expert Systems With Applications, 2010, 37 (6): 4283 - 4291.

[79] Sun S L. A survey of multi-view machine learning[J]. Neural Computing and Applications,2013,23(7/8): 2031 - 2038.

[80] Jing X Y, Hu R M, Zhu Y P, et al. Intra-view and inter-view supervised correlation analysis for multi-view feature learning[EB/OL]. (2014 - 07 - 24). https://dl. acm. org/doi/10. 5555/2892753. 2892814.

[81] 蔡春风. 人体表面肌电信号处理及其在人机智能系统中的应用研究[D]. 杭州：浙江大学,2006.

[82] 杜宇. 基于深度机器学习的体态与手势感知计算关键技术研究[D]. 杭州：浙江大学,2017.

[83] Asghari Oskoei M, Hu H S. Myoelectric control systems: A survey[J]. Biomedical Signal Processing and Control,2007,2(4): 275 - 294.

[84] Doswald A, Carrino F, Ringeval F. Advanced processing of sEMG signals for user independent gesture recognition [C]// XIII Mediterranean Conference on Medical and Biological Engineering and Computing 2013, 2014. DOI:10. 1007/978-3-319-00846-2_188.

[85] Phinyomark A, Phukpattaranont P, Limsakul C. Feature reduction and selection for EMG signal classification [J]. Expert Systems With Applications,2012,39(8): 7420 - 7431.

[86] Liu Y H, Huang H P, Weng C H. Recognition of electromyographic signals using cascaded kernel learning machine [J]. IEEE/ASME

Transactions on Mechatronics, 2007, 12(3): 253 − 264.

[87] Tkach D, Huang H, Kuiken T A. Study of stability of time-domain features for electromyographic pattern recognition [J]. Journal of Neuroengineering and Rehabilitation, 2010, 7(1): 21.

[88] Phinyomark A, Phukpattaranont P, Limsakul C. Fractal analysis features for weak and single-channel upper-limb EMG signals [J]. Expert Systems With Applications, 2012, 39(12): 11156 − 11163.

[89] Zardoshti-Kermani M, Wheeler B C, Badie K, et al. EMG feature evaluation for movement control of upper extremity prostheses[J]. IEEE Transactions on Rehabilitation Engineering, 1995, 3(4): 324 − 333.

[90] Phinyomark A, Limsakul C, Phukpattaranont P. A novel feature extraction for robust EMG pattern recognition[J]. Journal of Medical Engineering & Technology, 2016, 40(4): 149154.

[91] Scheme E, Englehart K. Electromyogram pattern recognition for control of powered upper-limb prostheses: State of the art and challenges for clinical use [J]. The Journal of Rehabilitation Research and Development, 2011, 48(6): 643.

[92] Phinyomark A, Phothisonothai M, Phukpattaranont P, et al. Critical exponent analysis applied to surface EMG signals for gesture recognition [J]. Metrology and Measurement Systems, 2011, 18(4): 645 − 658.

[93] Kendell C, Lemaire E D, Losier Y, et al. A novel approach to surface electromyography: An exploratory study of electrode-pair selection based on signal characteristics [J]. Journal of Neuroengineering and Rehabilitation, 2012, 9: 24.

[94] Nazarpour K, Sharafat A R, Firoozabadi S M P. Application of higher order statistics to surface electromyogram signal classification[J]. IEEE

Transactions on Biomedical Engineering,2007,54(10): 1762 - 1769.

[95] Talebinejad M,Chan A D C,Miri A,et al. Fractal analysis of surface electromyography signals: A novel power spectrum-based method[J]. Journal of Electromyography and Kinesiology,2009,19(5): 840 - 850.

[96] Al-Assaf Y. Surface myoelectric signal analysis: Dynamic approaches for change detection and classification[J]. IEEE Transactions on Biomedical Engineering,2006,53(11): 2248 - 2256.

[97] Lucas M F,Gaufriau A,Pascual S,et al. Multi-channel surface EMG classification using support vector machines and signal-based wavelet optimization[J]. Biomedical Signal Processing and Control,2008,3(2): 169 - 174.

[98] Kiatpanichagij K,Afzulpurkar N. Use of supervised discretization with PCA in wavelet packet transformation-based surface electromyogram classification[J]. Biomedical Signal Processing and Control,2009,4(2): 127 - 138.

[99] Kilby J,Hosseini H G. Extracting effective features of SEMG using continuous wavelet transform[C]//2006 International Conference of the IEEE Engineering in Medicine and Biology Society. August 30-September 3,2006,New York,NY,USA. IEEE,2006: 1704 - 1707.

[100] Fukuda O,Tsuji T,Kaneko M. An EMG controlled pointing device using a neural network[C]//IEEE SMC'99 Conference Proceedings. 1999 IEEE International Conference on Systems,Man,and Cybernetics (Cat. No. 99CH37028). October 12 - 15,1999,Tokyo,Japan. IEEE, 1999: 63 - 68.

[101] Maldonado S,Weber R. A wrapper method for feature selection using Support Vector Machines[J]. Information Sciences, 2009, 179 (13):

2208 - 2217.

[102] Ma W J,Luo Z Z. Hand-motion pattern recognition of SEMG based on Hilbert-Huang transformation and AR-model[C]//2007 International Conference on Mechatronics and Automation. August 5 - 8, 2007, Harbin,China. IEEE,2007: 2150 - 2154.

[103] Chu J U, Moon I, Mun M S. A real-time EMG pattern recognition system based on linear-nonlinear feature projection for a multifunction myoelectric hand[J]. IEEE Transactions on Biomedical Engineering, 2006,53(11): 2232 - 2239.

[104] Huang H, Xie H B, Guo J Y, et al. Ant colony optimization-based feature selection method for surface electromyography signals classification[J]. Computers in Biology and Medicine,2012,42(1): 30 - 38.

[105] Fisher R A. The use of multiple measurements in taxonomic problems [J]. Annals of Eugenics,1936,7(2): 179 - 188.

[106] Kaufmann P, Englehart K, Platzner M. Fluctuating emg signals: Investigating long-term effects of pattern matching algorithms[C]// 2010 Annual International Conference of the IEEE Engineering in Medicine and Biology. August 31-September 4, 2010, Buenos Aires, Argentina. IEEE,2010: 6357 - 6360.

[107] Vapnik V. Pattern recognition using generalized portrait method[J]. Automation and Remote Control,1963, 24:774 - 780.

[108] León M,Gutiérrez J M,Leija L, et al. EMG pattern recognition using Support Vector Machines classifier for myoelectric control purposes [C]//2011 Pan American Health Care Exchanges. March 28-April 1, 2011,Rio de Janeiro,Brazil. IEEE,2011: 175 - 178.

[109] 周志华. 机器学习[M]. 北京：清华大学出版社,2016.

[110] Baum L E, Petrie T. Statistical inference for probabilistic functions of finite state Markov chains[J]. The Annals of Mathematical Statistics, 1966,37(6): 1554 – 1563.

[111] Lecun Y, Bottou L, Bengio Y, et al. Gradient-based learning applied to document recognition[J]. Proceedings of the IEEE,1998,86(11): 2278 – 2324.

[112] Lecun Y, Bengio Y. Convolutional networks for images, speech, and time series[C]//The Handbook of Brain Theory and Neural Networks. MIT Press, Cambridge, MA, USA, 1998: 255258.

[113] Lecun Y, Jackel L, Bottou L, et al. Comparison of learning algorithms for handwritten digit recognition [C]//International Conference on Artificial Neural Networks, 1995:5360.

[114] Potamianos G, Graf H P. Discriminative training of HMM stream exponents for audio-visual speech recognition[C]//Proceedings of the 1998 IEEE International Conference on Acoustics, Speech and Signal Processing, ICASSP '98 (Cat. No. 98CH36181). May 15 – 15, 1998, Seattle, WA, USA. IEEE, 1998: 3733 – 3736.

[115] Pan H, Levinson S E, Huang T S, et al. A fused hidden Markov model with application to bimodal speech processing[J]. IEEE Transactions on Signal Processing,2004,52(3): 573 – 581.

[116] Eitel A, Springenberg J T, Spinello L, et al. Multimodal deep learning for robust RGB-D object recognition[C]//2015 IEEE/RSJ International Conference on Intelligent Robots and Systems (IROS). September 28-October 2,2015, Hamburg, Germany. IEEE,2015: 681 – 687.

[117] Singh B, Marks T K, Jones M, et al. A multi-stream Bi-directional recurrent

neural network for fine-grained action detection[C]//2016 IEEE Conference on Computer Vision and Pattern Recognition (CVPR). June 27 - 30,2016, Las Vegas,NV,USA. IEEE,2016: 1961 - 1970.

[118] Atrey P K, Hossain M A, El Saddik A, et al. Multimodal fusion for multimedia analysis: A survey[J]. Multimedia Systems,2010,16(6): 345 - 379.

[119] Feichtenhofer C, Pinz A, Zisserman A. Convolutional two-stream network fusion for video action recognition[C]//2016 IEEE Conference on Computer Vision and Pattern Recognition (CVPR). June 27 - 30, 2016,Las Vegas,NV,USA. IEEE,2016: 1933 - 1941.

[120] Zhu G M, Zhang L, Shen P Y, et al. Multimodal gesture recognition using 3-D convolution and convolutional LSTM[J]. IEEE Access,2017, 5: 4517 - 4524.

[121] Nishida N, Nakayama H. Multimodal gesture recognition using multi-stream recurrent neural network[M]//Image and Video Technology. Cham: Springer International Publishing,2016: 682 - 694.

[122] Molchanov P,Gupta S,Kim K,et al. Hand gesture recognition with 3D convolutional neural networks[C]//2015 IEEE Conference on Computer Vision and Pattern Recognition Workshops (CVPRW). June 7 - 12, 2015,Boston,MA,USA. IEEE,2015: 1 - 7.

[123] Zhang X, Chen X, Wang W H, et al. Hand gesture recognition and virtual game control based on 3D accelerometer and EMG sensors[C]// Proceedings of the 14th international conference on Intelligent user interfaces. Sanibel Island Florida USA. New York,NY,USA: ACM, 2009: 401406.

[124] Jiang S, Lv B, Guo W C, et al. Feasibility of Wrist-Worn, Real-Time

Hand, and Surface Gesture Recognition via sEMG and IMU Sensing[J]. IEEE Transactions on Industrial Informatics, 2017, 14(8): 3376 – 3385.

[125] Goh J E E, Goh M L I, Estrada J S, et al. Presentation-Aid Armband with IMU, EMG Sensor and Bluetooth for Free-Hand Writing and Hand Gesture Recognition[J]. International Journal of Computing Sciences Research, 2018, 1(3): 65 – 77

[126] Xiong A, Chen Y, Zhao X G, et al. A novel HCI based on EMG and IMU [C]// IEEE International Conference on Robotics and Biomimetics, 2011:2653 – 2657.

[127] Peng L, Hou Z L, Chen Y X, et al. Combined use of sEMG and accelerometer in hand motion classification considering forearm rotation [C]// Annual International Conference of the IEEE Engineering in Medicine and Biology Society (EMBC), 2013:4227 – 4230.

[128] Kyranou I, Krasoulis A, Erden M S, et al. Real-time classification of multi-modal sensory data for prosthetic hand control[C]// International Conference on Biomedical Robotics and Biomechatronics (BioRob), 2016: 536 – 541.

[129] Shin S, Kim D, Seo Y, et al. Controlling Mobile Robot Using IMU and EMG Sensor-Based Gesture Recognition[C]// International Conference on Broadband and Wireless Computing, Communication and Applications, 2014: 554 – 557.

[130] Krasoulis A, Kyranou I, Erden M S, et al. Improved prosthetic hand controlwith concurrent use of myoelectric and inertial measurements [J]. Journal of NeuroEngineering and Rehabilitation, 2017, 14(1):71.

[131] Tao W, Lai Z H, Leu M C, et al. Worker Activity Recognition in Smart Manufacturing Using IMU and sEMG Signals with Convolutional

Neural Networks[J]. Procedia Manufacturing, 2018, 26: 1159 – 1166.

[132] Wei W, Dai Q, Wong Y, et al. Surface Electromyography-based Gesture Recognition by Multi-view Deep Learning [C]// IEEE Transactions on Biomedical Engineering,2019:2899222.

[133] Yarowsky D. Unsupervised word sense disambiguation rivaling supervised methods[C]//Proceedings of the 33rd annual meeting on Association for Computational Linguistics. June 26 – 30, 1995. Cambridge, Massachusetts. Morristown, NJ, USA: Association for Computational Linguistics,1995: 189196.

[134] 吴飞. 多视图特征学习方法研究[D]. 南京: 南京邮电大学,2016.

[135] Zhao J, Xie X J, Xu X, et al. Multi-view learning overview: Recent progress and new challenges[J]. Information Fusion,2017,38: 43 – 54.

[136] Xu C, Tao D C, Xu C. A survey on multi-view learning[J]. CoRR,2013: abs/1304.5634.

[137] Kumar V, Minz S. Multi-view ensemble learning: An optimal feature set partitioning for high-dimensional data classification[J]. Knowledge and Information Systems,2016,49(1): 1 – 59.

[138] 晁国清. 监督与半监督多视角最大熵判别的研究[D]. 上海: 华东师范大学,2015.

[139] Blum A, Mitchell T. Combining labeled and unlabeled data with co-training [C]//Proceedings of the Eleventh Annual Conference on Computational Learning Theory-COLT' 98. July 24-26,1998. Madison, Wisconsin,USA. New York: ACM Press,1998: 92 – 100.

[140] Crammer K, Keshet J, Singer Y. Kernel design using boosting[C]// Annual Conference on Neural Information Processing Systems. 2002:553560.

[141] Lanckriet G R G, Cristianini N, Bartlett P L, et al. Learning the kernel matrix with semidefinite programming[J]. Journal of Machine Learning Research, 2004, 5(1): 27 – 72.

[142] Hardoon D R, Szedmak S, Shawe-Taylor J. Canonical correlation analysis: An overview with application to learning methods[J]. Neural Computation, 2004, 16(12): 2639 – 2664.

[143] Sun T K, Chen S C, Yang J Y, et al. A novel method of combined feature extraction for recognition [C]//2008 Eighth IEEE International Conference on Data Mining. December 15 – 19, 2008, Pisa, Italy. IEEE, 2008: 1043 – 1048.

[144] Kan M N, Shan S G, Zhang H H, et al. Multi-view discriminant analysis [J]. IEEE Transactions on Pattern Analysis and Machine Intelligence, 2016, 38(1): 188 – 194.

[145] Diethe T, Hardoon D R, Shawe-Taylor J. Multiview fisher discriminant analysis [EB/OL]. (2008 – 12). https://www. researchgate. net/ publication/253592929_Multiview_fisher_Discriminant_Analysis.

[146] Farquhar J D R, Hardoon D R, Meng H, et al. Two view learning: SVM2K, theory and practice [C]//Annual Conference on Neural Information Processing Systems. 2005: 355362.

[147] Xie X J, Sun S L. Multi-view Laplacian twin support vector machines [J]. Applied Intelligence, 2014, 41(4): 1059 – 1068.

[148] Sun S, Chao G. Multiview maximum entropy discrimination[C]//International Joint Conference on Artificial Intelligence. 2013: 1706 – 1712.

[149] Andrew G, Arora R, Bilmes J, et al. Deep canonical correlation analysis[C]// International Conference on Machine Learning, 2013, 28: 1247 – 1255.

[150] Ge L H, Liang H, Yuan J S, et al. Robust 3D hand pose estimation in single

depth images: From single-view CNN to multi-view CNNs[C]//2016 IEEE Conference on Computer Vision and Pattern Recognition (CVPR). June 27 - 30,2016,Las Vegas,NV,USA. IEEE,2016: 3593 - 3601.

[151] Su H, Maji S, Kalogerakis E, et al. Multi-view convolutional neural networks for 3D shape recognition [C]//2015 IEEE International Conference on Computer Vision (ICCV). December 7 - 13, 2015, Santiago,Chile. IEEE,2015: 945 - 953.

[152] Hazarika A, Bhuyan M. A twofold subspace learning-based feature fusion strategy for classification of EMG and EMG spectrogram images [M]//Biologically Rationalized Computing Techniques For Image Processing Applications. Cham: Springer International Publishing, 2017: 57 - 84.

[153] Huang H P,Chen C Y. Development of a myoelectric discrimination system for a multi-degree prosthetic hand[C]//Proceedings 1999 IEEE International Conference on Robotics and Automation (Cat. No. 99CH36288C). May 10 - 15,1999,Detroit,MI,USA. IEEE,1999: 2392 - 2397.

[154] Hazarika A,Dutta L,Boro M,et al. An automatic feature extraction and fusion model: Application to electromyogram (EMG) signal classification [J]. International Journal of Multimedia Information Retrieval,2018,7(3): 173 - 186.

[155] Krizhevsky A, Sutskever I, Hinton G E. ImageNet classification with deep convolutional neural networks[J]. Communications of the ACM, 2017,60(6): 84 - 90.

[156] Ioffe S, Szegedy C. Batch normalization: Accelerating deep network training by reducing internal covariate shift [C]//International Conference on Machine Learning, 2015:448 - 456.

[157] Srivastava N,Hinton G,Krizhevsky A,et al. Dropout: A simple way to prevent neural networks from overfitting[J]. Journal of Machine Learning Research,2014,15(1): 1929 – 1958.

[158] Chen T, Li M, Li Y, et al. MXNet: A flexible and efficient machine learning library for heterogeneous distributed systems[C]//Advances in Neural Information Processing Systems, Workshop on Machine Learning Systems, 2015.

[159] Englehart K, Hudgins B. A robust, real-time control scheme for multifunction myoelectric control[J]. IEEE Transactions on Biomedical Engineering,2003,50(7): 848 – 854.

[160] Li G L,Schultz A E,Kuiken T A. Quantifying pattern recognition—based myoelectric control of multifunctional transradialprostheses[J]. IEEE Transactions on Neural Systems and Rehabilitation Engineering, 2010,18(2): 185 – 192.

[161] Li G L,Li Y N,Yu L,et al. Conditioning and sampling issues of EMG signals in motion recognition of multifunctional myoelectric prostheses [J]. Annals of Biomedical Engineering,2011,39(6): 1779 – 1787.

[162] Du Y,Shyu L, Hu W. The effect of combining stationary wavelet transform and independent component analysis in the multichannel SEMGs hand motion identification system[J]. Journal of Medical and Biological Engineering,2006, 26(1):914.

[163] Duan F,Dai L L,Chang W N,et al. sEMG-based identification of hand motion commands using wavelet neural network combined with discrete wavelet transform[J]. IEEE Transactions on Industrial Electronics, 2016,63(3): 1923 – 1934.

[164] Jiang W C,Yin Z Z. Human activity recognition using wearable sensors

by deep convolutional neural networks［C］//Proceedings of the 23rd ACM international conference on Multimedia. Brisbane Australia. New York,NY,USA：ACM,2015：1307－1310.

［165］ Simonyan K, Zisserman A. Twostream convolutional networks for action recognition in videos［C］//Advances in Neural Information Processing Systems 27，2014：568－576.

［166］ Donahue J, Jia Y, Vinyals O, et al. DeCAF：A deep convolutionalactivation feature for generic visual recognition［J］. CoRR,2013. abs/1310.1531.

［167］ Sun B C, Saenko K. Deep CORAL：correlation alignment for deep domain adaptation［M］//Lecture Notes in Computer Science. Cham：Springer International Publishing,2016：443－450.

［168］ Tzeng E, Hoffman J, Zhang N, et al. Deep domain confusion：Maximizing for domain invariance［EB/OL］. (2014－12－10). https://arxiv.org/abs/1412.3474 v1.

［169］ Patricia N, Tommasit T, Caputo B. Multi-source adaptive learning for fast control of prosthetics hand［C］//2014 22nd International Conference on Pattern Recognition. August 24－28,2014,Stockholm,Sweden. IEEE,2014：2769－2774.

［170］ Khushaba R N. Correlation analysis of electromyogram signals for multiuser myoelectric interfaces［J］. IEEE Transactions on Neural Systems and Rehabilitation Engineering,2014,22(4)：745－755.

［171］ Li Y H, Wang N Y, Shi J P, et al. Revisiting batch normalization for practical domain adaptation［EB/OL］. (2016－11－08). https://arxiv.org/abs/1603.04779.